Schriftenreihe der Institute für Systemdynamik (ISD) und optische Systeme (IOS)

Chefredakteure

Jürgen Freudenberger, Institut für Systemdynamik, Hochschule Konstanz (HTWG), Konstanz, Deutschland

Johannes Reuter, Institut für Systemdynamik, Hochschule Konstanz (HTWG), Konstanz, Deutschland

Matthias Franz, Institut für Optische Systeme, Hochschule Konstanz (HTWG), Konstanz, Deutschland

Georg Umlauf, Institut für Optische Systeme, Hochschule Konstanz (HTWG), Konstanz, Deutschland

Die „Schriftenreihe der Institute für Systemdynamik (ISD) und optische Systeme (IOS)" deckt ein breites Themenspektrum ab: von angewandter Informatik bis zu Ingenieurswissenschaften. Die Institute für Systemdynamik und optische Systeme bilden gemeinsam einen Forschungsschwerpunkt der Hochschule Konstanz. Die Forschungsprogramme der beiden Institute umfassen informations- und regelungstechnische Fragestellungen sowie kognitive und bildgebende Systeme. Das Bindeglied ist dabei der Systemgedanke mit systemtechnischer Herangehensweise und damit verbunden die Suche nach Methoden zur Lösung interdisziplinärer, komplexer Probleme. In der Schriftenreihe werden Forschungsergebnisse in Form von Dissertationen veröffentlicht.

The "Series of the institutes of System Dynamics (ISD) and Optical Systems (IOS)" covers a broad range of topics: from applied computer science to engineering. The institutes of System Dynamics and Optical Systems form a research focus of the HTWG Konstanz. The research programs of both institutes cover problems in information technology and control engineering as well as cognitive and imaging systems. The connective link is the system concept and the systems engineering approach, i.e. the search for methods and solutions of interdisciplinary, complex problems. The series publishes research results in the form of dissertations.

Christian Benkler

Compressed Sensing basierte Verschleiß- und Lebensdauerschätzung

Für translatorische elektromagnetische Aktoren

Christian Benkler
Technische Universität Berlin
Berlin, Deutschland

Die Inhalte des vorliegenden Buches sind im Rahmen einer kooperativen Promotion zwischen der HTWG Konstanz und der Fakultät IV – Elektrotechnik und Informatik der Technischen Universität Berlin entstanden, die 2025 abgeschlossen wurde.

ISSN 2661-8087 ISSN 2661-8095 (electronic)
Schriftenreihe der Institute für Systemdynamik (ISD) und optische Systeme (IOS)
ISBN 978-3-658-50002-3 ISBN 978-3-658-50003-0 (eBook)
https://doi.org/10.1007/978-3-658-50003-0

Die Deutsche Nationalbibliothek verzeichnet diese Publikation in der Deutschen Nationalbibliografie; detaillierte bibliografische Daten sind im Internet über https://portal.dnb.de abrufbar.

© Der/die Herausgeber bzw. der/die Autor(en), exklusiv lizenziert an Springer Fachmedien Wiesbaden GmbH, ein Teil von Springer Nature 2026

Das Werk einschließlich aller seiner Teile ist urheberrechtlich geschützt. Jede Verwertung, die nicht ausdrücklich vom Urheberrechtsgesetz zugelassen ist, bedarf der vorherigen Zustimmung des Verlags. Das gilt insbesondere für Vervielfältigungen, Bearbeitungen, Übersetzungen, Mikroverfilmungen und die Einspeicherung und Verarbeitung in elektronischen Systemen.
Die Wiedergabe von allgemein beschreibenden Bezeichnungen, Marken, Unternehmensnamen etc. in diesem Werk bedeutet nicht, dass diese frei durch jede Person benutzt werden dürfen. Die Berechtigung zur Benutzung unterliegt, auch ohne gesonderten Hinweis hierzu, den Regeln des Markenrechts. Die Rechte des/der jeweiligen Zeicheninhaber*in sind zu beachten.
Der Verlag, die Autor*innen und die Herausgeber*innen gehen davon aus, dass die Angaben und Informationen in diesem Werk zum Zeitpunkt der Veröffentlichung vollständig und korrekt sind. Weder der Verlag noch die Autor*innen oder die Herausgeber*innen übernehmen, ausdrücklich oder implizit, Gewähr für den Inhalt des Werkes, etwaige Fehler oder Äußerungen. Der Verlag bleibt im Hinblick auf geografische Zuordnungen und Gebietsbezeichnungen in veröffentlichten Karten und Institutionsadressen neutral.

Planung/Lektorat: Friederike Lierheimer
Springer Vieweg ist ein Imprint der eingetragenen Gesellschaft Springer Fachmedien Wiesbaden GmbH und ist ein Teil von Springer Nature.
Die Anschrift der Gesellschaft ist: Abraham-Lincoln-Str. 46, 65189 Wiesbaden, Germany

Wenn Sie dieses Produkt entsorgen, geben Sie das Papier bitte zum Recycling.

All models are wrong, but some are useful.

George Box

Meiner Familie Sonja, Franz und Sebastian sowie meiner Frau Denise und meinen Kindern Mathilda und Romy gewidmet.
Ohne eure fortwährende und bedingungslose Unterstützung wäre diese Arbeit nicht möglich gewesen.

Danksagung Die vorliegende Dissertation entstand im Rahmen eines kooperativen Promotionsverfahrens zwischen der HTWG Konstanz und der TU Berlin. An der HTWG war ich als akademischer Mitarbeiter am Institut für Systemdynamik (ISD) in mehreren Forschungsprojekten tätig, die alle auf unterschiedliche Weise zum Fortschritt dieser Arbeit beigetragen haben. Als Gast am Institut für Energie- und Automatisierungstechnik, Fachgebiet Elektronische Mess- und Diagnosetechnik (MDT) der TU Berlin durfte ich wertvolle Einblicke gewinnen, die mich an vielen Stellen entscheidend weitergebracht haben.

Mein besonderer Dank gilt in diesem Zusammenhang meinen beiden Betreuern, Prof. Dr.-Ing. Johannes Reuter, Leiter des ISD, und Prof. Dr.-Ing. Clemens Gühmann, Leiter des MDT. Sie haben diese Kooperation nicht nur ermöglicht, sondern mich auf vielfältige Weise mit Rat und Unterstützung bis zum erfolgreichen Abschluss begleitet. Besonders dankbar bin ich dafür, dass sie mich auch in schwierigen Phasen bestärkt und motiviert haben – insbesondere, als das Projekt kurz vor dem Scheitern stand. Mein Dank gilt ebenfalls Prof. Dr.-Ing. Jürgen Maas und Prof. Dr.-Ing. habil. Andreas Rauh für die Begutachtung dieser Arbeit sowie Prof. Dr.-Ing. Uwe Schäfer für die Übernahme des Vorsitzes im Promotionsausschuss.

Meine Zeit in Konstanz war nicht nur fachlich bereichernd, sondern auch persönlich sehr wertvoll. Ich durfte viele sehr angenehme Kontakte knüpfen, aus denen bis heute Freundschaften entstanden sind. Besonders hervorheben möchte ich meine Institutskollegen Florian Straußberger, Stefan Wirtensohn und Dr.-Ing. Michael Schuster, deren fachlicher Austausch wie auch persönliche Unterstützung mich nachhaltig geprägt haben. Ebenso danke ich Dr.-Ing. Tristan Braun und Oliver Hamburger für die vielen anregenden Gespräche – sowohl inhaltlich als auch jenseits des Dissertationsthemas. Meinen Co-Autorinnen bzw. Co-Autoren Hanna Wenzl und Daniel Strommenger danke ich für die gelungene Zusammenarbeit an unseren gemeinsamen Veröffentlichungen. Last but not least: Jürgen – vielen Dank für Deine vielfältige Unterstützung!

Abschließend möchte ich mich nochmals bei meinen Eltern, Sonja und Franz Knöbel sowie meinem Bruder Dr. theol. Sebastian Wolter für ihre Unterstützung bedanken. Ganz besonders aber danke ich meiner Frau Denise, die mir mit viel Geduld, Verständnis und Rücksichtnahme die Freiräume zur Finalisierung dieser Arbeit geschaffen hat.

Mai 2025   Christian Benkler

Interessenkonflikt Der/die Autor*in hat keine für den Inhalt dieses Manuskripts relevanten Interessenkonflikte.

Zusammenfassung

Ziel der vorliegenden Dissertation ist es, eine Restlebensdauerschätzung für translatorisch arbeitende elektromagnetische Aktorik zu entwickeln. Hierbei soll der Verschleiß in Form von Reibungserhöhung im mechanischen Teilsystem des Aktors ausschließlich anhand von gemessenen elektrischen Größen ermittelt werden.

Stand der Technik ist hierbei, die im Stromverlauf ablesbare Schaltzeit des Aktors als Indikator für einsetzenden Verschleiß zu verwenden. Diese Information kann entweder über ein mathematisches Modell oder aber datenbasiert zugänglich gemacht werden. In beiden Fällen müssen die elektrischen Signale in einer ausreichend hochfrequent abgetasteten Form vorliegen, um die relevanten Charakteristika zuverlässig extrahieren zu können.

Dieses Problem soll umgangen werden, indem Compressed Sensing gleichzeitig für die Datenaufnahme, als auch für die Merkmalsextraktion eingesetzt wird. Das Sampling der Stromverläufe erfolgt hierbei direkt in einen komprimierten Messraum, wobei untersucht werden soll, ob die relevanten Informationen durch den Kompressionsschritt konserviert werden.

Als Messsystem kam in den Simulationsstudien das endlich dimensionale Compressed Sensing Standardmodell sowie ein Random Demodulator zum Einsatz. Die Fusionierung der komprimierten Messdaten in einen Health-Index erfolgte mittels logistischer Regression sowie anhand der Manhattan-Metrik. Eine möglichst robuste Schätzung der verbleibenden Restlebensdauer wurde durch den Einsatz von Wiener-Prozessen sowie der Berechnung der sog. First-Hitting-Time Verteilung erreicht. Deren Parameter wurden mittels einer gleichzeitigen

Zustands- und Parameterschätzung aus den vorliegenden Monitoring-Daten, also den Health-Indices, bestimmt.

Hierbei konnte gezeigt werden, dass die mittels Compressed Sensing generierten Health-Indices eine gute Korrelation mit der Schaltzeit aufweisen. Darüber hinaus konnte gezeigt werden, dass die Restlebensdauerschätzungen basierend auf den Compressed Sensing Health-Indices die wahre Restlebensdauer im Vergleich mit den Ground-Truth basierten Schätzungen weniger stark überschätzen. Hierbei liefert insbesondere die Schätzung basierend auf dem mittels logistischer Regression berechneten Health-Index ein gutes Konvergenzverhalten sowie eine gute Reproduktion der wahren Restlebensdauer.

Abstract

The goal of this dissertation is to develop a remaining useful life estimation approach for translatory electromagnetic actuators. Therefore, wear in form of increased friction in the mechanical subsystem of the actuator has to be determined solely on the basis of measured electrical variables.

State of the art in this context is to use the switching time of the actuator as an indicator for the onset of wear which can be extracted from measured current signals. This information can either be made available via a mathematical modeling or based on measurements. In both cases, electrical signals must be sampled with a frequency high enough in order to reliably extract the relevant characteristics.

This problem can be circumvented by using compressed sensing for a concurrent data acquisition and feature extraction. The current signals are sampled directly into a compressed measurement space, with the aim of investigating whether the relevant information is preserved by the compression step.

As measurement system in the simulation studies the finite-dimensional compressed sensing standard model as well as a random demodulator were used. The compressed measurement data was merged into a health index using logistic regression and the Manhattan metric. To achieve an as robust remaining useful life estimates as possible Wiener processes as well as a calculation of the so-called first-hitting time distribution were employed. Their parameters were determined by means of a simultaneous state and parameter estimation from the available monitoring data, i.e. the health indices.

It was shown that health indices generated using compressed sensing have good correlation with the ground truth signal switching time. In addition, it was shown that remaining useful life estimates based on the compressed sensing health indices overestimate the true remaining useful life to a lesser extent than the ground truth-based estimates. Especially, estimates based on the logistic regression health index show good convergence behaviour and good reproduction of the true remaining useful life.

Inhaltsverzeichnis

1	**Einleitung**	1
	1.1 Thematische Einordnung	1
	1.2 Forschungs- und Literaturüberblick	4
	1.3 Motivation und Fragestellungen	10
	1.4 Vorgehensweise und Struktur	12
2	**Prämissen und Methodik**	15
	2.1 Translatorische elektromagnetische Aktoren	15
	2.1.1 Aufbau und Funktion	16
	2.1.2 Dominanter Verschleißmechanismus	18
	2.1.3 Ansätze der modell- und datenbasierten Diagnose	21
	2.2 Compressed Sensing	25
	2.2.1 Verortung im Condition-Monitoring Kontext	25
	2.2.2 Grundlagen und Konzepte	28
	2.2.3 Anforderungen an das Messsystem	37
	2.3 Formulierung des prognostischen Ansatzes	42
	2.4 Zusammenfassung	44
3	**Fusionierung komprimierter Messdaten in einen Health-Index**	45
	3.1 Beschreibung der Lebensdauerdatensätze	45
	3.1.1 Messdatengenerierung	46
	3.1.2 Analyse der Daten im Zeitbereich	47
	3.1.3 Datenstruktur im komprimierten Merkmalsraum	51
	3.2 Merkmalsfusionierung	60
	3.2.1 Bewertung der prognostischen Qualität	61

		3.2.2 Fusionierung mittels Logistischer Regression	61
		3.2.3 Distanzmetriken und deren Anwendbarkeit	64
	3.3	Anwendung auf gemessene Lebensdauerdaten	66
		3.3.1 Regressionsmodell	67
		3.3.2 Manhattan-Metrik	68
		3.3.3 Diskussion der Ergebnisse	70
	3.4	Zusammenfassung	72
4	**Modellierung der Verschleißvorgänge**		**73**
	4.1	Wiener-Prozesse	74
		4.1.1 Lineare und nichtlineare Driftfunktionen	75
		4.1.2 Simulation von Wiener-Prozessen	76
		4.1.3 Auswahl des Modellierungsansatzes	78
	4.2	Bestimmung der Modellparameter	79
		4.2.1 Zustands- und Parameterschätzung	79
		4.2.2 Algorithmus und Implementierung	83
		4.2.3 Evaluierung anhand simulierter Verschleißprozesse	84
	4.3	Anwendung auf gemessene Lebensdauerdaten	89
		4.3.1 Überprüfung der Modellannahme	89
		4.3.2 Ergebnisse der Parameterschätzung	91
		4.3.3 Diskussion der Ergebnisse	93
	4.4	Zusammenfassung	94
5	**Restlebensdauerschätzung**		**97**
	5.1	Bewertung und Modellierung von Restlebensdauerschätzungen	100
		5.1.1 Prognostischer Horizont und End-of-Useful Prediction	100
		5.1.2 α-Λ-Metrik	102
		5.1.3 Modellierung der Restlebensdauer	103
	5.2	Anwendung der Restlebensdauerschätzung	104
		5.2.1 Betrachtung simulierter Verschleißprozesse	105
		5.2.2 Betrachtung gemessener Lebensdauerdaten	108
		5.2.3 Diskussion der Ergebnisse	116
	5.3	Zusammenfassung	120
6	**Zusammenfassung und Ausblick**		**123**
Literaturverzeichnis			**127**

Abkürzungsverzeichnis

AIC	Analog to Information Conversion
back EMF	Back Electromotive Force
BCNN	Bayesian Convolutional Neural Network
BDM	Break Down Maintenance
BM	Brownian-Motion
CBM	Condition Based Maintenance
CMD	Condition Monitoring Daten
CoSaMP	Compressive Sampling Matched Pursuit
CS	Compressed Sensing
DCT	diskrete Kosinus Transformation
DFT	diskrete Fourier Transformation
EKF	Extenden Kalman Filter
EM	Expectation-Maximization
EoL	End of Life
EoUP	End of Useful Prediction
FFT	Fast-Fourrier Transformation
FHT	First-Hitting-Time
GBM	Geometric Brownian Motion
HI	Health-Index
IID	unabhängig identisch verteilt
IMM	Interacting Multiple Model
JLL	Johnson-Lindenstrauss-Lemma
KF	Kalman-Filter
LogReg	Logistic-Regression

MC	Monte-Carlo
MLE	Maximum-Likelihood-Estimation
MTTF	Mean Time to Failure
NSP	Null-Space-Property
OMP	Orthogonal Matching Pursuit
PC	Principal Components
PCA	Principal Component Analysis
PDF	Probability Density Function
PF	Particle-Filter
PH	prognostischer Horizont
PM	Preventive Maintenance
PRG	Pseudorandom Generator
RIP	Restricted Isometry Property
RMSE	Root-Mean-Square Error
RTS-Smoother	Rauch-Tung-Striebel Smoother
RUL	Remaining Useful Life
SNR	Signal-To-Noise Ratio

Symbolverzeichnis

Allgemeine Notationen

a	Skalar
$\mathbf{a}$	Vektor
$\mathbf{A}$	Matrix
$\mathbf{A}^T$	Transponierte einer Matrix
$\|a\|$	Betrag eines Skalars
$\|\mathbf{a}\|_1$	Summennorm eines Vektors, oder auch l_1-Norm
$\|\mathbf{a}\|_2$	Euklidsche Norm eines Vektors, oder auch l_2-Norm
$\|\mathbf{a}\|_p$	p-Norm eines Vektors
$\|\mathbf{a}\|_0$	Anzahl der von 0 versch. Koeffizienten eines Vektors
$supp(\mathbf{a})$	Indices der von 0 versch. Koeffizienten eines Vektors
$spark(\mathbf{A})$	Spark (Wortkonstrukt aus *sparse* und *rank*) einer Matrix
$\sum_k$	Menge aller k-sparsen Vektoren
$\mathcal{N}_0(\mathbf{A})$	Nullraum einer Matrix
$\Delta(\cdot)$	arbiträrer Rekonstruktionsalgorithmus
$\delta(x)_p$	Mittels p-Norm berechneter Approximationsfehler
R^2	Bestimmtheitsmaß
$\mathcal{N}(\mu, \sigma)$	Gauß-Verteilung, Mittelwert μ, Standardabweichung σ
$\mathcal{U}(a, b)$	Stetige Gleichverteilung im Intervall [a, b]
$\mathcal{IG}(\cdot, \cdot)$	Inverse Gauß-Verteilung
$P(\cdot)$	Wahrscheinlichkeit
$L(\cdot\|\cdot)$	Bedingte Wahrscheinlichkeit

logit(·)   logit-Transformation
$\mathbb{E}\{\cdot\}$ Erwartungswert
$l(\cdot)$ log-Likelihood-Funktion

Modellparameter

I_s/A	Stationärer Stromendwert
U_0/V	Versorgungsspannung
i_c/A	dynamischer Spulenstrom
u_c/V	dynamische Spulenspannung
ψ/Wb	verketteter Fluss
Θ/A	magnetische Spannung
Φ/Wb	magnetischer Fluss
L_{mag}/H	Induktivität der Spule
R_m/H^{-1}	Reluktanz
R_i/Ω	Innenwiderstand des Netzteils
R_C/Ω	Kupferwiderstand der Spule
x/m	Ankerposition
δ/m	Luftspalt
m/kg	Masse der Braugruppe Anker/Stößel
$c/N/m$	Federkonstante
$\rho/kg/s$	Dämpfungskonstante
F_c/N	Federkraft
F_p/N	viskose Reibung
F_0/N	sonstige Kräfte, z. B. Federvorspannung
F_m/N	Magnetkraft
F_g/N	Gewichtskraft
τ/s	Schaltzeit

Skalare und Vektoren

k	Sparsity eines Vektors
$\delta_k \in (0.1)$	Isometriekonstante
$x \in \mathbb{R}^N$	dünn besetztes/sparses Signal der Dimensionalität N
$y \in \mathbb{R}^M$	Compressed Sensing Messvektor der Dimensionalität M
y	Bewertungsmetrik Prognosability

Symbolverzeichnis

$\mathcal{M}$	Bewertungsmetrik Monotonicity
$\mathcal{T}$	Bewertungsmetrik Trendability
$\mathcal{F}$	Bewertungsmetrik Fitness
t_i	Monitoring Zeitpunkt
$\mathcal{L}_{t_i}^d$	Logistic-Regression HI des Aktors d zum Zeitpunkt t_i
β	Regressionsgewichte des Logistic-Regression Modells
$\mathcal{D}_{t_i}^d$	Distanzmetrik basierter HI des Aktors d zum Zeitpunkt t_i
$\mathcal{L}_R^d, \mathcal{D}_R^d$	Mittels Random-Demodulation generierter HI
$W(\lambda, \sigma)$	Wiener-Prozess
λ	Driftparameter eines Wiener-Prozesses
σ	Diffusionskoeffizient eines Wiener-Prozesses
$B(t)$	Brownsche Bewegung
$X(t)$	Zufallsvariable zum Zeitpunkt t
ϵ_{BM}	Brownsches Rauschen
ϵ_{IID}	Identisch verteiltes Rauschen
ω	Arbiträr gewählter Grenzwert einer Zufallsvariable $X(t)$
$\bigwedge$	Zum EOL relative RUL mit $\bigwedge_{max} = 1$
R_i	Zum Zeitpunkt t_i geschätze RUL

Matrizen

Ψ	Orthonormale Basis $\psi \in \mathbb{R}^{N \times N}$
Φ	Sampling-Matrix $\Phi \in \mathbb{R}^{M \times N}$
Θ	Sensing-Matrix $\Theta \in \mathbb{R}^{M \times N}$
$\mathbf{Y}_{neu}^d$	Trainingsdaten für den Neuzustand des Aktors d
$\mathbf{Y}_{defekt}$	Trainingsdaten für den Defektzustand aller Aktoren

Abbildungsverzeichnis

Abb. 1.1	Diagnostischer Prozess, wie er in [6–8] und [5] definiert ist	3
Abb. 1.2	Entwicklungsprozess einer Monitoring-Strategie. Gestrichelt dargestellt sind die für diese Arbeit abgeleiteten Fragestellungen	13
Abb. 2.1	Schematisches Schnittbild eines Hubmagneten	16
Abb. 2.2	Dynamisches Verhalten eines Elektromagneten im Betriebsfall eingeprägte Spannung (Spulenspannung u_c, Spulenstrom i_c, stationärer Stromendwert I_s, Ankerhub x, charakteristische Zeiten t_i, τ)	17
Abb. 2.3	2D-FE-Analyse eines Hubmagneten. Oben: Verlauf der Feldlinien; unten: Intensitätsplot der Flussdichte	19
Abb. 2.4	Abrupt, graduell sowie intermittierend auftretende Fehlerarten	20
Abb. 2.5	Typische „Badewannenkurve" zeitabhängiger Fehlerraten	20
Abb. 2.6	Vereinfachtes Aktuatormodell, bestehend aus elektrischem, magnetischem und mechanischem Teilmodell (angelehnt an Abb. 3.10, [60])	21
Abb. 2.7	Kennfelder eines Elektromagneten	23
Abb. 2.8	Darstellung der Koeffizienten zweier k-sparser Vektoren ...	29
Abb. 2.9	Dünn besetzte und komprimierbare Vektoren	29
Abb. 2.10	Sortierte Koeffizienten des transformierten Stromverlaufs	31

Abb. 2.11	Stromverlauf in verschiedenen Darstellungsformen	33
Abb. 2.12	Blockschaltbild eines Random-Demodulators, angelehnt an [87]	34
Abb. 2.13	Demodulationssequenz und demoduliertes Beispielsignal	34
Abb. 2.14	Approximation A eines Punktes x mittels ℓ_1- und ℓ_2-Norm, angelehnt an [90]	36
Abb. 2.15	Komprimierter und rekonstruierter Stromverlauf	36
Abb. 2.16	Abhängigkeit der Messungen M von der Sparsity k. Der schraffierte Bereich stellt die validen k, M-Kombinationen dar. C_1 ergibt sich für eine Matrix mit $2k$-RIP zu 0.28 [90] (Erläuterung hierzu im folgenden Abschnitt)	39
Abb. 2.17	Empirischer Rekonstruktionsfehler für verschiedene Messsysteme	40
Abb. 2.18	„Klassische" Merkmalsverarbeitung oben und CS-basierter Ansatz unten. Der gestrichelte Pfad zeigt den Signalfluss unter Verwendung einer Hardware AIC-Lösung, wie z. B. einem Random-Demodulator	42
Abb. 2.19	Prozentuale Abweichung der CS-Koeffizienten eines normalen bzw. defekten Aktors im Vergleich zu dessen Neuzustand	43
Abb. 3.1	Schaltzeitverlauf τ mit Darstellung der spezifizierte Grenzwerte für Betriebszyklen (- -) und Zykluszeit (–) der Aktoren 3, 6, 7 und 8	48
Abb. 3.2	Schaltzeitverlauf τ mit Darstellung der spezifizierte Grenzwerte für Betriebszyklen (- -) und Zykluszeit (–) der Aktoren 1, 2, 4, 5, 9 und 10	49
Abb. 3.3	Gemessene Stromverläufe von neuen und defekten Aktoren	52
Abb. 3.4	Ergebnisse der PCA-Analyse	53
Abb. 3.5	Ergebnisse der F-Ratio-Analyse	55
Abb. 3.6	Referenzzustände und Verschleißpfade zweier alternder Systeme	56
Abb. 3.7	Verschleißpfade der Aktoren	57
Abb. 3.8	Aktoren mit normalem Verschleißverhalten, welches durch ein Clustering der Samples nahe dem Neuzustand charakterisiert ist	58

Abb. 3.9	Approximation des Defektzustandes im zweidimensionalen Merkmalsraum	59
Abb. 3.10	Rekonstruktion unter Verwendung des aus der Modellannahme generierten Erwartungswertvektors μ_d. Das angegebene Bestimmtheitsmaß R^2 sowie dessen Streuung wurde hierbei anhand aller Rekonstruktionsergebnisse des Monte-Carlo-Experiments berechnet	60
Abb. 3.11	Trainingsdaten der Logistische Regression	63
Abb. 3.12	Normale Wahrscheinlichkeitsnetze der Pearson-Residuen	63
Abb. 3.13	Verschleißpfade $\hat{\mathcal{L}}^d$ ($R^2 = 0.84 \pm 0.14$) und $\hat{\mathcal{L}}_R^d$ ($R^2 = 0.82 \pm 0.16$) im Vergleich mit dem Ground-Truth Schaltzeit $\hat{\tau}^d$	67
Abb. 3.14	Verschleißpfade $\mathcal{D}^d$ ($R^2 = 0.96 \pm 0.02$) und $\mathcal{D}_R^d$ ($R^2 = 0.92 \pm 0.05$) im Vergleich mit dem Ground-Truth Schaltzeit $\hat{\tau}^d$	69
Abb. 4.1	Änderungshistogramme der HIs $\mathcal{L}$ und $\mathcal{D}$ sowie der Schaltzeit τ	75
Abb. 4.2	Simulierte Wiener-Prozesse I	77
Abb. 4.3	Simulierte Wiener-Prozesse II	78
Abb. 4.4	Vergleich der Tracking-Performance ($\lambda_a = \lambda_b = 1$, $\sigma_a^2 = \sigma_b^2 = 4$)	81
Abb. 4.5	State- und Parameterschätzung für einen simulierten Verschleißprozess mit brownschem Rauschterm	85
Abb. 4.6	Vergleich des Konvergenzverhaltens für unterschiedlich große Diffusionskoeffizienten (sofern nicht anderweitig indiziert, gilt $\sigma \triangleq \sigma_{BM}$)	86
Abb. 4.7	State- und Parameterschätzung für einen simulierten Verschleißprozess mit iid-Rauschterm	87
Abb. 4.8	Histogramme der Simulationsergebnisse	88
Abb. 4.9	Logarithmierte HIs der Aktoren 1, 2, 4, 9 und 10	90
Abb. 4.10	Logarithmierte HIs der Aktoren 1, 2, 4, 9 und 10	91
Abb. 4.11	R^2 Box-Plot der Kalman-Filter Schätzungen	92
Abb. 4.12	Mittels Kalman- und Particle-Filter geschätzter Driftkoeffizient λ für HIs basierend auf „idealer" und mittels Random-Demodulation ($\mathcal{L}_R$ bzw. $\mathcal{D}_R$) umgesetzter Kompression	93
Abb. 5.1	Prognostische Levels nach [5]	98

Abb. 5.2	Prinzipdarstellung eines RUL-Plots	100
Abb. 5.3	Prognostischer Horizont, End-of-Life und End-of-useful-Prediction	101
Abb. 5.4	α-Λ-Metrik für die Bewertung von Prognosealgorithmen	102
Abb. 5.5	Wiener-Prozess mit Histogramm und Fit der Grenzwertüberschreitungen, die einer inversen Gauß-Verteilung folgen	103
Abb. 5.6	RUL-Schätzung für Wiener-Prozesse mit IID-verteiltem Rauschen	106
Abb. 5.7	RUL-Schätzung für Wiener-Prozesse mit BM-verteiltem Rauschen	107
Abb. 5.8	RUL-Schätzung für Wiener-Prozesse mit BM-verteiltem Rauschen	108
Abb. 5.9	RUL-Schätzung für Aktor 10 basierend auf $\hat{\lambda}_i$	110
Abb. 5.10	RUL-Schätzung für Aktor 10 basierend auf μ_0	111
Abb. 5.11	RUL-Schätzung für Aktor 10 basierend auf $\hat{\lambda}_i$ bzw. μ_0 sowie unter Verwendung idealer und „praxisnaher" Messsysteme. Letztere sind mittels Index R in der Legende kenntlich gemacht	112
Abb. 5.12	RUL-Schätzungen für Aktor 1 basierend auf $\hat{\lambda}_i$ bzw. μ_0 sowie unter Verwendung eines idealen und eines praxisnahen Messsystems. Letztere Ergebnisse sind mittels Index R in der Legende kenntlich gemacht	113
Abb. 5.13	RUL-Schätzung für Aktor 1 basierend auf $\hat{\lambda}_i$	114
Abb. 5.14	Ergebnis der RUL-Schätzung der Aktoren 2, 4 und 9 basierend auf $\hat{\lambda}_i$ und dem Compressed Sensing Standardmodell	115

Tabellenverzeichnis

Tab. 3.1	Parameter der Datenobjekte: IN – Eingangssignal, OUT – Ausgangssignal, BK – Book-Keeping, CALC – berechneter Parameter, CFG – Konfiguration	47
Tab. 3.2	Initiale Schaltzeit, EOL und relative EOL der Aktoren. Die Berechnung von τ_{init} basiert auf den ersten 200 Strommessungen	51
Tab. 3.3	Bewertungen der Logistic Regression basierten Health-Indices	68
Tab. 3.4	Bewertungen der Manhattan-Metrik basierten Health-Indices	70
Tab. 3.5	Neu gewichtete Fitness	71
Tab. 4.1	Parameter zur Simulationsstudie aus Abb. 4.2	77
Tab. 4.2	Gegenüberstellung der erzielbaren Bestimmtheitsmaße sowie des RMSE	81
Tab. 5.1	Parameter der unterschiedlichen Verschleißsimulationen.	105
Tab. 5.2	Weitere Ergebnisse der Restlebensdauerschätzungen: CS – Standardmodell, RD – Random Demodulation; $\mu_0, \hat{\lambda}_i$ – verwendetet Prozesssteigung	116

Einleitung 1

Das folgende Kapitel soll zunächst den Gesamtkontext anhand einer thematischen Einführung und eines Literaturüberblicks darstellen. Aufbauend hierauf erfolgt die Erläuterung der zugrundeliegenden Motivation und die Formulierung der Fragestellungen. Anschließend wird die methodische Vorgehensweise erörtert sowie ein Überblick über die weiteren Kapitel skizziert.

1.1 Thematische Einordnung

Moderne Produktionsprozesse zeichnen sich durch einen hohen Grad an Automatisierung, Geschwindigkeit und durch betriebswirtschaftliche Optimalität aus. Allerdings bestehen zwischen den verschiedenen Produktionsschritten starke Interdependenzen, die den Gesamtprozess von der sicheren Funktionalität aller Teilprozesse abhängig machen. So resultiert der Ausfall einer Fertigungsanlage oder Komponente, bedingt durch lange Maschinenstillstandszeiten, gesteigerte Personalaufwände und Lieferverzug in erhöhten und vor allem oft unkalkulierbaren Kosten. Für den reibungslosen und effizienten Ablauf von Prozessen sowie für die Gewährleistung einer gleichbleibenden Produktqualität ist es deshalb unerlässlich, Maschinen zu warten und damit das permanent existente Ausfallrisiko auf ein Minimum zu senken.

Hierfür existieren verschiedene Ansätze, zu denen als simpelster Vertreter die sogenannte reaktive Wartung oder auch Break Down Maintenance (BDM) gehört. Komponenten werden bei diesem Ansatz erst dann getauscht, sobald ein Defekt aufgetreten und damit der Stillstand einer Maschine oder eines Prozesses bereits erfolgt ist. Diese Wartungsart widerspricht zwar dem industriellen Bestreben Maschinenverfügbarkeiten zu steigern und Kosten zu senken, jedoch ist sie in Ermangelung

© Der/die Autor(en), exklusiv lizenziert an Springer Fachmedien Wiesbaden GmbH, ein Teil von Springer Nature 2026
C. Benkler, *Compressed Sensing basierte Verschleiß- und Lebensdauerschätzung*, Schriftenreihe der Institute für Systemdynamik (ISD) und optische Systeme (IOS), https://doi.org/10.1007/978-3-658-50003-0_1

veritabler technischer Möglichkeiten immer noch gängige Praxis. Dieser Umstand ist umso prägnanter, je günstiger die jeweilig defekte Komponente ist, da sich eine dedizierte Überwachungseinheit im Vergleich zu den reinen Teilekosten selten rechnet und seitens des Herstellers in der Regel nicht angeboten wird.

Ein Austausch von Komponenten basierend auf fixen Intervallen wird als Präventive Wartung bzw. Preventive Maintenance (PM) bezeichnet und stellt heute einen weit verbreiteten Standard dar. Anhand eines Serviceplans können Produktion und Wartungsarbeiten so koordiniert werden, dass sich ein Kosten- und Ressourcenoptimum einstellt. Eine Komponente kann bedingt durch Umwelteinflüsse, fehlerhafte Montage, Materialfehler oder Verschmutzung jedoch bereits deutlich vor Ende der spezifizierten Lebensdauer versagen oder aber aufgrund von Minderbelastung und guten Betriebsbedingungen länger halten als spezifiziert. In beiden Fällen ist ein Austausch nach Regelintervallen mit einem gewissen Risiko verbunden, da sich trotzdem jederzeit ein vorzeitiger Ausfall inkl. reaktivem Wartungseinsatz ereignen kann und andererseits im Fall eines zu frühen Tauschs ein potentiell noch funktionsfähiges Teil entsorgt wird. Um dieses Problem zu umgehen, muss der aktuelle „Gesundheitszustand" der betrachteten Komponente durch geeignete Maßnahmen regelmäßig erfasst und während des laufenden Betriebs ausgewertet werden. Das zugrunde liegende Konzept ist als Zustandsbasierte Wartung oder Condition Based Maintenance (CBM) bekannt. In Bezug auf mechatronische Antriebssysteme wurden gerade hier in den letzten Jahren große Forschungsfortschritte erzielt. Die Zustandsbasierte Wartung lässt sich in drei Teilbereiche untergliedern [1]:

1. Datenaufnahme,
2. Datenverarbeitung und
3. Entscheidungsfindung.

Das Erfassen des aktuellen Systemzustandes erfolgt über sog. Condition Monitoring Daten (CMD), welche im weitesten Sinne aufgezeichneten Messdaten entsprechen. Die anschließende Datenverarbeitung dient zur modell- und/oder datenbasierten Extraktion von fehler- sowie alterungsspezifischen Merkmalen, welche wiederum als Eingangsgröße für die weitere Entscheidungsfindung dienen können [1, 2]. Hierbei wird der in Abb. 1.1 dargestellte Prozess aus Fehlererkennung, Fehlerisolierung und Fehleridentifikation als Diagnose bezeichnet [3]. Für die konkrete Zusammensetzung des diagnostischen Prozesses existieren verschiedene Definitionen, welche sich maßgeblich in der Frage unterscheiden, ob die Fehlererkennung bereits Teil des diagnostischen Prozesses ist oder nicht.

In der nachgelagerten Prognose soll die Frage nach dem „Wann?" beantwortet und ein geschätzter Zeithorizont bis zu einem wahrscheinlichen Ausfall bzw.

1.1 Thematische Einordnung

die Ausfallwahrscheinlichkeit zu einem gegeben Zeitpunkt ermittelt werden. Diese Information erlaubt es, ein potentielles Ausfallrisiko in Relation zum Wartungsaufwand zu setzen oder Lastprofile so anzupassen, dass Wartungsstrategien hinsichtlich der notwendigen Maschinenstillstandszeiten optimiert werden können. In der Literatur wird Prognose zumeist als Überbegriff für den Prozess der Remaining-Useful-Life-Prediction bzw. Restlebensdauerschätzung verwendet [4, 5].

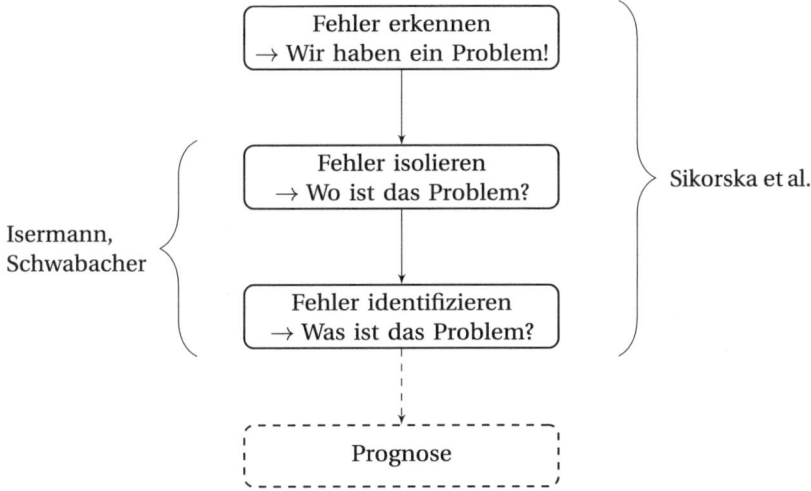

Abb. 1.1 Diagnostischer Prozess, wie er in [6–8] und [5] definiert ist

Über die Verbindung zwischen Diagnose und Prognose – wie sie in Abb. 1.1 dargestellt ist – existieren maßgeblich die folgenden drei Sichtweisen, wobei die erste Betrachtungsweise einen weithin akzeptierten Standard darstellt.

1. Erst Diagnose, dann Prognose [5, 9].

   - "... one must be able to diagnose faults before one can perform prognostics." [7, 8]
   - "One has to have good diagnostic capabilities before you can do prognostics." [10]
   - "Robust prognostic methods require good diagnostic design." [10]

2. Prognose und Diagnose sind eigenständige und geeigneten Methoden, um ein Condition-Monitoring umzusetzen. Versagt die Prognose, folgt eine Diagnose [1].
3. Es wird nur eine Prognose durchgeführt, wobei die Diagnose ein nicht explizit benannter Teil des prognostischen Prozesses ist [11].

Hauptherausforderung bei der Entwicklung eines diagnostisch/prognostischen Systems ist es, die für einen Fehler charakteristischen, in Messdaten enthaltenen Eigenschaften einer weiteren Verarbeitung zugänglich zu machen und dabei möglichst robuste und eindeutige Indikatoren für unterschiedlichste Fehlerfälle zu identifizieren. Diese auch als Merkmale bezeichneten Indikatoren können entweder anhand eines physikalisch motivierten Modells, beispielsweise über die Schätzung und Nachführung von Modellparametern, oder aber datenbasiert mittels geeigneter Methoden z. B. im Zeit- oder Zeit-Frequenz-Bereich generiert werden. Im folgenden Literaturüberblick sollen diagnostische und prognostische Ansätze für rotatorische bzw. translatorische mechatronische Antriebssystemen evaluiert und dabei ein besonderes Augenmerk auf die eingesetzten Merkmalsextraktionsmethoden gelegt werden. Ziel ist es, einen pointierten Überblick über die Mannigfaltigkeit der häufig anwendungsspezifischen Lösungen sowie deren Limitierungen zu geben und somit eine Ausgangsbasis für die Formulierung der Forschungsfragen zu bilden.

1.2 Forschungs- und Literaturüberblick

Der folgende Abschnitt verzichtet explizit auf eine Aufarbeitung der allgemeinen Diagnose- und Prognose-Thematik, da umfängliche Reviews hierzu in [12], [13], [14], [15] und [16] verfügbar sind. Darüber hinaus wurden alle für diese Arbeit relevanten Sachverhalte bereits in der notwendigen Tiefe in der thematischen Einordnung betrachtet. Für eine umfängliche Einführung in grundlegende Konzepte, Ansätze und Methoden der Merkmalsextraktion sei darüber hinaus auf [1] und [17] verwiesen. Soweit nicht anderweitig vermerkt, erfolgt die Literaturbetrachtung des folgenden Kapitels sowie jene in Abschn. 2.2.1 in chronologischer Reihenfolge.

Diagnose rotierender Antriebe

Ansätze für die Erkennung von Elektromotor-Rotor-Fehlern werden unter anderem in [18], [19] und [20] beschrieben. So wird in [18] eine Methode vorgestellt, die es ermöglicht, Rotor-Fehler basierend auf Spektralanalysen verschiedener Sensorsignale zu erkennen. Hierzu werden Statorstrom und gemessener Streufluss mittels einer Fast-Fourrier-Transformation analysiert und die Amplituden dedizierter

1.2 Forschungs- und Literaturüberblick

Frequenzbänder als Merkmale verwendet. Ein Algorithmus erkennt entweder, ob sich der Zustand des Motors von „gesund" nach „nicht gesund" verändert hat oder ob ein Fehler-Event vorliegt.

In [19] wird mittels eines neuronalen Netzes zwischen fehlerfreien und fehlerhaften Motoren unterschieden. Es werden acht charakteristische Merkmale, darunter Leistung, Polanzahl, Slip und Strom als Eingang für das Netz verwendet. Ausgangssignal ist die Anzahl der defekten Läuferstäbe.

Verschiedene Ansätze für die Erkennung von Motorfehlern basierend auf dem gemessenen Motorstrom werden in [20] vorgestellt. Neben einer fehlersensitiven Filterbank kommen ein konventionelles Mustererkennungssystem sowie ein hoch angepasstes Merkmalsextraktionssystem zum Einsatz. Davon ausgehend, dass kein Expertenwissen vorhanden ist, wird die Bestimmung fehlerspezifischer Merkmale im Zeit- und Frequenzbereich sowie mittels parametrischer Verfahren beschrieben. Unter Einbeziehung von Systemwissen wird ein modellbasierter Ansatz entwickelt, der zur Identifikation fehlerrelevanter Merkmale herangezogen werden kann. Die Entwicklung der fehlersensitiven Filterbank erfolgt im Zeitbereich und hat die Auswertung von Residuen für die Fehlererkennung zum Ziel. Anhand zweier Applikationsbeispiele werden die drei Verfahren gegenübergestellt.

Die modellbasierte Diagnose eines Flugzeugaktors wird in [9] beschrieben. Mittels eines Referenzparametersatzes werden Abweichungen zum Normalzustand erkannt, sobald das Modell mittels aktueller Messdaten parametriert ist. Der Parameterverlauf bzw. ein hieraus berechneter Health-Index wird über ein Double-Exponential-Smoothing-Verfahren basierend auf vergangenen Werten extrapoliert. Gleichzeitig auftretende Fehler werden mittels Datenfusionsstrategien berücksichtigt. Die Funktionsfähigkeit des Verfahrens wird anhand eines Aktors mit emulierten Fehlerfällen demonstriert.

Derselbe Autor beschreibt in [21] einen Ansatz für die datenbasierte Restlebensdauerschätzung eines elektro-hydraulischen Antriebes unter Verwendung eines neuronalen Netzes. Ein Fuzzy-Logic-Klassifikator ordnet hierbei die durch das neuronale Netz extrahierten Merkmale einem Fehler zu. Die Restlebensdauerschätzung wird mittels Kalman-Filter (KF) durchgeführt.

Die Autoren von [22] stellen ein Verfahren zur Erkennung von defekten Läuferstäben basierend auf dem Wavelet-transformierten Motorstrom vor. Als Fehlermerkmal kommen selektierte Wavelet-Koeffizienten zum Einsatz.

In [23] werden Merkmale aus dem Strom eines Permanentmagnet AC-Motors mittels verschiedener Zeit-Frequenz-Bereichsverfahren extrahiert. Die Bewertung der Merkmale hinsichtlich ihrer Klassenseparierbarkeit erfolgt mittels Fisher-Diskriminanzanalyse. Eine Dimensionsreduktion soll Redundanzen im Merkmalssatz verringern, bevor eine Klassifikation erfolgt.

Ebenfalls basierend auf dem Wavelet-transformierten Motorstrom werden in [24] diverse Fehler erkannt. Die Extraktion relevanter Merkmale wird mittels Independent- und Principal Component Analysis (PCA) sowie deren Kernel-basierten Versionen durchgeführt. Die Klassifikation der Daten erfolgt mittels einer Support-Vector-Machine.

In [25] wird die Detektion von Wälzlagerfehlern basierend auf dem gemessenen Motorstrom beschrieben. Merkmale werden mittels einer Kombination aus PCA und Linear-Discriminant-Analysis verarbeitet und separiert. Anhand eines Design-of-Experiment Ansatzes wird eine Datenbank von Stromverläufen mit unterschiedlichen Fehlerausprägungen und Arbeitspunkten aufgebaut, die schlussendlich eine Zuordnung von Merkmalssatz und Fehlerbild ermöglicht.

Ein umfängliches System für eine modell- und datenbasierte Diagnose eines Flugzeugaktors wird in [26] vorgeschlagen. Mittels eines Beobachters werden die Systemzustände bestimmt und das Residuum zwischen Messgröße und Beobachterausgang berechnet. Werden hier Abweichungen festgestellt, setzt das System diese in Symbole um (+, −, 0), welche die vorherrschende Abweichung beschreiben. Ein Merkmalsextraktionssystem generierte, ausgehend von einem Bond-Graph-Modell des Antriebs, fehlerrelevante Merkmale, welche unter Verwendung von Systemwissen oder experimenteller Ermittlung identifiziert werden müssen. Treten im Beobachtersystem Abweichungen auf, erfolgt ein Merkmalsmatching und die Festlegung auf einen bestimmten Fehlerfall. Der weitere Verlauf der erkannten Abweichungen wird durch eine Gauß-Prozess-Regression extrapoliert und so beim Überschreiten eines Grenzwertes das erwartete Lebensdauerende bestimmt. Die Funktionsfähigkeit des Ansatzes wird mit einem Prüfstand und emulierten Fehlern gezeigt.

Die Erkennung mechanischer und elektrischer Fehler eines Elektromotors basierend auf gemessenen Strom- und Vibrationssignalen wird in [27] beschrieben. Mittels einer multi-class Support-Vector-Machine, welche statistische Merkmale verarbeitet, wird die Klassifikation der verschiedenen Fehler durchgeführt.

In [28] wird ein System zur Restlebensdauerschätzung eines elektro hydraulischen Flugzeugaktors beschrieben. Basierend auf Reglerverstärkung sowie gemessenen Strom-, Druck- und Positionssignalen werden Residuen bezüglich des Normalzustands gebildet und als Merkmal verwendet. Die Schätzung der Restlebensdauer erfolgt mittels eines Particle-Swarm-Ansatzes.

Diagnose translatorisch arbeitender Antriebe
Viele Ansätze für das Condition-Monitoring translatorischer Aktoren finden sich in Patentschriften. So wird in [29] die Zeitkonstante des Ausschaltstromes nach einer Testsignalanregung mit einem Referenzwert verglichen. Ergeben sich Soll-/Istwert-Abweichungen, liegt ein Fehlerzustand vor.

1.2 Forschungs- und Literaturüberblick

Ebenfalls auf einer Residuenauswertung beruhte der in [30] vorgeschlagene Ansatz. Hier wird unter Verwendung eines mathematischen Modells der theoretisch ermittelte Strom mit dem gemessenen Strom verglichen. Die Über- oder Unterschreitung eines Residuenschwellwertes führt zu einem Fehlersignal bzw. lässt eine Ankerbewegungserkennung zu. Gemessene Größen sind hier Spulenstrom und Spulenspannung, wobei die Spannung verwendet wird, um das hinterlegte Modell zu treiben.

Das in [31] beschriebene Verfahren erlaubt die Erfassung thermischer Überlastung mittels einer Einrichtung zur Überwachung der Spulentemperatur. Des Weiteren können Wicklungsschlüsse durch eine in der Spulenmitte abgegriffene Teilspannung detektiert werden.

Ein modellbasiertes Verfahren zur Berechnung von Position, Geschwindigkeit und Beschleunigung des Magnetankers anhand gemessener Strom- und Spannungsdaten wird in [32] beschrieben. Unter Verwendung der berechneten Größen kann das Betriebsverhalten des Aktors überwacht sowie eine Diagnose durchgeführt werden.

In [33] wird eine temperaturbasierte Überwachung eines in einem Relais oder Schütz verbauten Schaltmagneten beschrieben. Basierend auf mehrfachen Strom- und Spannungsmessungen sowie einem Kennlinienmodell wird eine Temperaturschätzung generiert, die bei Überschreitung eines Grenzwertes eine Warnung auslöste.

Basierend auf einer Zeit-Hub-Funktion bzw. einer Look-Up-Tabelle wird in [34] die Position des Ankers über gemessene Referenzzeiten bestimmt. Da der betrachtete Aktor bistabil – also mit zwei Spulen – betrieben wird, ergeben sich für jede Hubendlage Referenzzeiten und -hübe, die für Grenzwertvergleiche dienen können.

Der Bewegungsbeginn eines Magnetventils wird in [35] durch den Abgleich des zeitlichen Induktivitätsverlaufs mit einem Grenzwert bestimmt. Hierfür werden durch einen Mikrocontroller der Spulenstrom sowie die Versorgungsspannung gemessen und zur Auswertung bereitgestellt.

Eine Erweiterung des in [35] vorgestellten Verfahrens auf die Erkennung eines blockierten Ankers wird in [36] beschrieben. Der Ansatz erlaubt zudem, über die Auswertung mehrere Induktivitätsschwellwerte, Rückschlüsse auf die Position an welcher der Anker blockiert ist.

In [37] wird die Änderungsrate der Versorgungsspannung eines Magnetventils sowie der charakteristische Verlauf des Spulenstroms während der Ansteuerungsphase bestimmt und mit verschiedenen Grenzwerten verglichen. Nach Abschluss aller elektrischer Ausgleichsvorgänge wird anhand der stationären Strom- und Spannungswerte der Spulenwiderstand berechnet und ebenfalls einem vordefinierten Grenzwert gegenübergestellt. Abweichungen zu den Grenzwerten werden zur Generierung eines Fehlerzustandes verwendet.

Ein Verfahren zur Rekonstruktion von Zustandsgrößen eines elektromagnetischen Aktors wird in [38] beschrieben. Die rekonstruierten Zustände werden anhand der elektrischer Messgrößen Strom und Spannung sowie unter Verwendung eines mathematischen Modells berechnet und zur Diagnose des Aktors verwendet.

Über die Auswertung von Steigungsänderungen im gemessenen Spulenstrom eines Magnetventils, generiert durch das Anlegen von Tangenten an den Stromverlauf, werden in [39] Rückschlüsse auf den Schaltzustand des Ventils gezogen. Darüber hinaus erfolgt die Auswertung von charakteristischen Punkten sowie der damit einhergehenden Zeiten, um Aussagen über das Schaltverhalten des Ventils treffen zu können.

Eine einfache Auswertung der Induktivität zur Erkennung des Schaltzustandes eines Magnetventils wird in [40] beschrieben. Hierbei werden Spulenstrom und Spannung in definierten Zeitintervallen gemessen und ausgewertet.

Mittels eines neuronalen Netzes werden in [41] Veränderungen im gemessenen Spulenstrom eines Magnetventils ausgewertet und zur Generierung von Wartungsmeldungen, Lebensdauerschätzungen sowie von Ausfallwahrscheinlichkeiten verwendet. Das Training des neuronale Netzes erfolgt hierbei mit Stromverläufen, die im Normbetrieb des Magnetventils aufgezeichnet werden.

In [42] wird ein gepulster Strom in die Spule eines Elektromagneten eingeprägt. Über die Änderung der Ein- und Ausschaltzeiten während der Ankerbewegung wird eine Kenngröße berechnet, die eine Überwachung des Ankerzustandes erlaubt.

Über die Auswertung von Merkmalen des gemessenen Stroms werden in [43] Rückschlüsse auf den Öffnungszustand eines Magnetventils sowie auf die Ventiltemperatur und Abweichungen zum Normzustand detektiert. Der Strom wird hierbei in einem definierten Intervall, welches die Rückwirkung des sich bewegenden Ankers auf das elektromagnetische Teilsystem beinhaltet, ausgewertet.

Erst seit ca. zehn Jahren werden zunehmend auch im Forschungsumfeld Ansätze für das Condition-Monitoring von translatorisch arbeitender Aktorik entwickelt und publiziert. So wird vom Autor dieser Dissertation in [44] ein datenbasierter Ansatz für die Erkennung verschiedener Betriebs- und Fehlerzustände eines Hubmagneten beschrieben. Die für eine Klassifikation notwendigen Merkmalssätze werden hier maßgeblich im Zeit-Frequenz-Bereich und anhand des gemessenen Spulenstroms bestimmt. Mittels einer PCA werden dimensionsreduzierte Merkmale generiert, die eine Unterscheidung von Schalt- und Hubzuständen erlauben.

Unter Verwendung einer positionsabhängigen Funktion wird in [45] für denselben Aktor ein modellbasierter Ansatz für die Charakterisierung der mechanischen Reibung verfolgt. Hierbei kann durch eine Identifikation und Nachführung der Funktionsparameter die Alterung des mechanischen Teilsystems abgebildet und somit diagnostisch/prognostischen Methoden zugänglich gemacht werden. Besonderes

1.2 Forschungs- und Literaturüberblick

Augenmerk wird bei diesem Ansatz auf die Identifizierbarkeit der Modellparameter gelegt, da deren Anwendbarkeit als Merkmale eines diagnostischen Systems direkt mit deren eindeutiger Bestimmbarkeit zusammenhängt [1].

In [47] wird ein modellbasierter Diagnoseansatz beschrieben, der mittels eines Beobachters verschiedene Fehlerzustände eines Elektromagneten erkennen kann. Das verwendete Modell ist jedoch stark vereinfacht und angepasst. So werden u. a. Reibung und Wirbelströme vernachlässigt, der verkettete Fluss durch eine Funktion approximiert und davon ausgehend die Kraftcharakteristik abgeleitet. Als Beobachter kommt ein erweiterter Luenberger-Beobachter zum Einsatz. Es können zwei Fehlerfälle unterschieden werden: (a) reduzierter Hub und (b) defekte Rückholfeder. Als Merkmale für die Fehlerdetektion wird ein Distanzmaß verwendet, das mittels des Ankerhubs und der berechneten kinetischen Energie des Ankers gebildet wird. Bei der Auswertung dieses Merkmals wird zwischen Ankeranzug und Abfall unterschieden. Dementsprechend werden angepasste Grenzwerte für die drei Fehlerzustände Normal, Warnung und Fehler verwendet. Anhand der Ergebnisse wird gezeigt, dass sich Schätzung und Messung für den Ankeranzug im fehlerfreien Fall gut in Übereinstimmung bringen lassen. Liegt jedoch ein Fehler vor oder wird nur der Ankerabfall betrachtet, ergeben sich größere Abweichungen.

Unter Verwendung von Machine-Learning-Ansätzen wird in [48] das mechanische Teilmodell eines translatorisch arbeitenden AC-Ventilmagneten anhand von Lebensdauerdaten parametriert. Basierend auf Beschleunigungsmessungen am Ventilgehäuse wird während des Lebensdauerversuchs ein direkter Zusammenhang zwischen Erreichen der Endlage des Ankers und dem gemessenen Strom hergestellt, wobei sich drei Alterungszustände anhand der Beschleunigungsdaten unterscheiden lassen, die wiederum für eine Modellparametrierung herangezogen werden.

In [49] wird mittels eines Extenden Kalman Filter (EKF) und eines thermischen Modells erfolgreich auf die fortschreitende Spulenalterung eines Hydraulikventils rückgeschlossen. Als Messgrößen kommen u. a. die Spulenspannung, der Spulenstrom, die Umgebungstemperatur sowie die Fluidtemperatur zum Einsatz. Die Robustheit des Ansatzes wird anhand von Prüfstandversuchen mit verschiedenen Betriebsmodi des Hydraulikventils demonstriert.

Eine auf Neural Networks basierende Schätzung der Restlebensdauer von Wechselstrom Magnetventile wird in [50] bzw. [51] vorgestellt. Das Training des Netzwerkes erfolgt anhand von Bildern der Strommessungen der AC-Magnetventile sowie den in [48] vorgestellten physikalischen Modellparametern. Neben der geschätzten Restlebensdauer wird die mit der Schätzung einhergehende Unsicherheit des Ergebnisses bestimmt.

---

[1] Eine ausführlicherer Dokumentation der Erkenntnisse ist in [46] zu finden.

Eine Methode zur Erkennung von Windungsschlüssen in der Spule eines proportionalen Hydraulikventils wird in [52] vorgestellt. Der Ansatz basierte auf den in [49] vorgestellten Arbeiten und bediente sich ebenfalls eines EKF, der für die temperaturunabhängige Schätzung des Spulenwiderstandes auch unter Parameterschwankungen und Rauscheinflüssen verwendet wird.

Fazit
Anhand des bewusst kurz und oberflächlich gehaltenen Literaturüberblicks für rotierende Antriebe soll die Bandbreite der für die Erkennung von Fehlern eingesetzten Verfahren in elektromotorische Anwendungen aufgezeigt werden. Diese reichen von Frequenz- und Zeit-Frequenz-basierten Verfahren, auf die eine erweiterte Merkmalsverarbeitung zur Fehlererkennung angewendet wird, bis hin zu modellbasierten Ansätzen und Zustandsbeobachtern.

Die starke Patentlastigkeit des Literaturüberblicks für translatorische Aktorik zeigt, dass innerhalb der Industrie ein großes Interesse an Verfahren zur Bestimmung des Schaltverhaltens von Magnetventilen und Elektromagneten im Allgemeinen besteht. Die dort beschriebenen Ansätze nutzen zumeist einfache Verfahren im Zeitbereich, um anhand des gemessenen Spulenstroms und einiger charakteristischer Merkmale eine Aussage über den Schaltzustand des Aktors treffen zu können. Allerdings sind die Anforderungen an ein diagnostisches System, wie im folgenden Kapitel noch genauer erläutert wird, in den letzten Jahren immer weiter gestiegen, weshalb einfache Diagnoseverfahren nicht mehr ausreichend sind und eine Erhöhung der diagnostischen Tiefe notwendig ist. Diesem Problem begegnen Forschung und Industrie, indem Verfahren aus dem Bereich der rotierenden Anwendungen zusehends Einzug halten. Insbesondere im Forschungsbereich werden in den letzten Jahren verstärkt Machine Learning Ansätze in Form von Neural Networks sowie modellbasierte Methoden vorgestellt, die neben einer tiefer gehenden Diagnose nun auch eine Schätzung der Restlebensdauer ermöglichen.

1.3 Motivation und Fragestellungen

Der erfolgreiche Einsatz moderner Condition-Monitoring-Verfahren in industriellen Applikationen wird maßgeblich durch das Fehlen geeigneter Infrastruktur – in Form von Sensorik, Speicherplatz, Rechen- oder Netzwerkkapazität – sowie fehlendem Know-How verhindert bzw. erschwert [53, 54]. Darüber hinaus ist, neben Qualität und Menge der zur Verfügung stehenden Daten, ein fundiertes Expertenwissen über das betrachtete System sowie die Auswahl der methodischen „Werkzeuge", mittels derer fehler- und alterungsspezifische Informationen aus den Messdaten extrahiert werden können, entscheidend [55].

Hersteller mechatronischer Systeme haben diese Problematik erkannt und bieten – besonders im Bereich der Antriebstechnik – zunehmend die Möglichkeit, ihre etablierten Produkte mit einfachen Diagnose-Tools auszustatten [56].

Diese sogenannten Smart Actuators sind durch ihre integrierte Sensorik in der Lage, Informationen über Betriebszustände, Temperatur sowie Ein- und Ausgangsgrößen zu liefern, die beispielsweise in eine optimierte Prozesssteuerung fließen oder eine Diagnose des Gesamtsystems ermöglichen können.

Soll jedoch die Diagnosetiefe erhöht und der Aktor selbst mit der Möglichkeit zur Fehlererkennung oder sogar zur Restlebensdauerschätzung ausgestattet werden, ist die Kenntnis der dominanten Fehler- und Verschleißmechanismen zwingend notwendig. Für die Auslegung des Monitoring-Systems muss deshalb – wie bereits im vorigen Abschnitt beschrieben – eine Extraktion fehler- und alterungsspezifischer Merkmale aus Sensorsignalen möglich sein. Insbesondere wenn günstige und einfache Antriebe mit diagnostisch/prognostischen Fähigkeiten versehen werden sollen, ist es im Hinblick auf eine wirtschaftliche Umsetzung umso wichtiger, bereits vorhandene Ressourcen bzw. die Ausgangssignale kostengünstiger Sensorik auf relevante Fehlersignaturen hin zu untersuchen. Ein geringer Nachrüstaufwand sowie günstige Stückkosten des gesamten Smarten Aktors erhöhen nicht nur die Akzeptanz des Produktes am Markt, sondern ermöglichen schlussendlich eine sukzessive Abkehr vom auf Komponentenebene weit verbreiteten „fix it when it breaks" Ansatzes hin zur zustandsbasierten Wartung.

In der Literatur- und Patentanalyse wurde bereits aufgezeigt, dass bis vor ca. zehn Jahre für translatorisch arbeitende elektromagnetische Aktoren nur sehr rudimentäre Diagnoseansätze existierten, die keine tiefer gehende Fehlererkennung oder gar eine Restlebensdauerschätzung ermöglichen.

Um diesem Problem zu begegnen, wurden durch den Autor dieser Dissertation verschiedene Ansätze evaluiert, die, losgelöst von offensichtlichen Indikatoren in Zeitbereichssignalen, eine rein datenbasierte Erhöhung der Diagnosetiefe ermöglichen sollten [44]. Die dort beschriebene Betrachtung von Strommessdaten im Zeit-Frequenz-Bereich ermöglichte zwar eine Unterscheidung verschiedener Betriebs- und Fehlermodi, jedoch nur unter Inkaufnahme eines aufwendigen Feature Engineering mit hochdimensionalem Merkmalssatz. Weitere, jedoch nicht veröffentlichte Untersuchungen haben darüber hinaus gezeigt, dass Merkmale des Zeit-Frequenz-Bereichs weniger für eine Verschleißquantifizierung geeignet und damit ebenfalls ungeeignet für die Schätzung der Restlebensdauer sind. Die angestrebte Erhöhung der Diagnosetiefe sowie die Realisierung einer Restlebensdauerschätzung wird, wie ebenfalls im Literatur- und Patentüberblick aufgezeigt wurde, erst durch den

Einsatz von Zustandsbeobachtern bzw. unter Verwendung von Methoden des maschinellen Lernens zugänglich gemacht. Grundlage dieser und aller bisher betrachteten Verfahren bildet eine ausreichend schnell abgetastete Strommessung, deren Informationsgehalt über Verschleiß und Fehlerzustände des Aktors mittels geeigneter Methoden zugänglich gemacht werden muss.

An dieser Stelle wird ein signifikantes Optimierungspotenzial darin gesehen, die in Abschn. 1.1 **Thematische Einordnung** beschriebenen Prozessschritte Datenaufnahme und Datenverarbeitung in einem Prozessschritt zu vereinen und damit eine Alternative zur „klassischen" Merkmalsextraktion zu generieren. Für diese Aufgabe bieten sich Methoden des vergleichsweise jungen Forschungsgebiets der Analog to Information Conversion (AIC) an, bei der ein direktes Sampling der im Signal enthaltenen Information angestrebt wird.

Im Verlauf der vorliegenden Arbeit soll untersucht werden, ob es möglich ist, die mittels eines AIC Verfahrens komprimierten Signale direkt für eine Entscheidungsfindung zu nutzen und so die Diagnose-Schritte Datenakquise und Merkmalsextraktion zu fusionieren bzw. teilweise zu eliminieren.

Folgende zentrale Fragestellungen sollen hierfür bearbeitet werden:

1. Ist das gewählte AIC-Verfahren auf das vorliegende Problem anwendbar?
2. Lässt sich aus komprimierten Messdaten ein Alterungsindikator bestimmen?
3. Existieren Referenzzustände, zwischen denen sich dieser Indikator während des Alterungsprozesses bewegt?
4. Kann der alterungsabhängige Verlauf des Indikators durch ein geeignetes Modell abgebildet werden?
5. Existieren Methoden, die eine Schätzung der Restlebensdauer basierend auf der Verschleißmodellierung ermöglichen?
6. Entsprechen die mittels komprimierten Messdaten generierten Restlebensdauerschätzungen jenen Schätzungen, die auf Basis des Ground-Truths berechnet werden?

1.4 Vorgehensweise und Struktur

Aus der im vorigen Abschnitt dargelegten Motivation gehen zweierlei zentrale Aspekte der Arbeit hervor. So wird einerseits mit der Entwicklung eines Condition-Monitoring-Systems für translatorische elektromagnetische Antriebe eine klassisch ingenieurtechnische Problemstellung betrachtet und andererseits durch die Anwendung einer neuen, für den Zweck einer Restlebensdauerschätzung in dieser Form noch nicht angewandten Methode Grundlagenforschung betrieben. Um eine

1.4 Vorgehensweise und Struktur

ausreichende Abgrenzung beider Felder und damit eine Exposition der geleisteten Beiträge umsetzen zu können, sind die folgenden Kapitel stets in die Abschnitte *Einleitung, Methodik, Ergebnisse* sowie *Diskussion* unterteilt und können als eigenständige Einheiten betrachtet werden. Die Aufarbeitung der theoretisch methodischen Aspekte ist hierbei der Grundlagenarbeit zuzuschreiben. Hier soll die Funktionsweise anhand anschaulicher Beispiele demonstriert werden, bevor eine Evaluierung am Applikationsbeispiel und damit die Einbettung in das zu entwickelnde Condition-Monitoring-Framework erfolgt. Für die Auslegung und Neukonzeption eines solchen Frameworks wird in [57] ein Prozess vorgeschlagen, welcher sich, wie in Abb. 1.2 dargestellt ist, in vier Teilschritte untergliedern lässt.

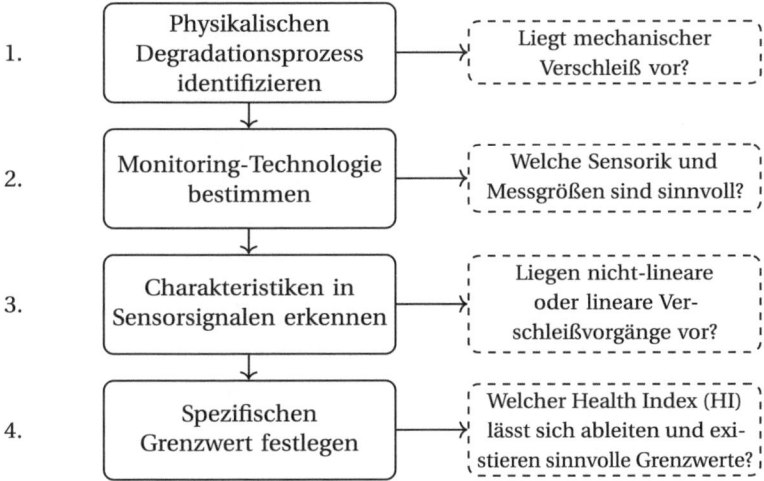

Abb. 1.2 Entwicklungsprozess einer Monitoring-Strategie. Gestrichelt dargestellt sind die für diese Arbeit abgeleiteten Fragestellungen

Die weitere Struktur der Arbeit orientiert sich hierbei an den Fragestellungen der gestrichelt dargestellten Boxen aus Abb. 1.2.

So erfolgt in Kapitel 2 zunächst die Vorstellung des betrachteten Aktors sowie eine Analyse der dominanten Degradationsprozesse. In diesem Zusammenhang werden verschiedene diagnostische Ansätze diskutiert und in Kontext mit den Betrachtungen des Literaturüberblicks gesetzt. Anschließend folgt eine Aufarbeitung der methodischen Grundlagen des AIC Kompressionsverfahrens, wobei jene mathematischen Eigenschaften besonders im Vordergrund stehen, die dessen applikationsspezifische Eignung als Monitoring-Technologie und den Einsatz als Kernelement des prognostisch/diagnostischen Prozesses ermöglichen. Das Kapitel schließt mit der Formulierung des prognostischen Ansatzes.

Gegenstand von Kapitel 3 ist zunächst die Beschreibung und Analyse der Lebensdauerdatensätze, welche durch künstliche und beschleunigte Alterung des betrachteten Aktors generiert wurden. Auf Basis der komprimiert gesampelten Messdaten soll die Bestimmung sinnvoller Referenzzustände sowie die Generierung eines für Monitoring-Zwecke geeigneten Qualitätsmerkmals im Vordergrund stehen. Ziel ist die Entwicklung eines sog. Health-Index (HI), der nicht nur den fortschreitenden Verschleiß quantifizieren, sondern auch mit dem gewählten Ground-Truth möglichst gut korrelieren soll. Teile dieses Kapitels wurden bereits in [58] und [59] veröffentlicht.

Kapitel 4 thematisiert die Modellierung der Verschleißverläufe unter Verwendung von Wiener-Prozessen. Hierbei wird nicht nur deren Eignung für die vorliegende Problematik, sondern auch die Bestimmung der Modellparameter anhand von Messdaten thematisiert. Die generelle Funktionsweise und Anwendbarkeit des gewählten Modellierungsansatzes soll zunächst simulatorisch untersucht und anschließend auf die Lebensdauerdaten angewendet werden.

In Kapitel 5 erfolgt schlussendlich die Anwendung der Restlebensdauerschätzung, basierend auf den in den vorhergehenden Kapiteln entwickelten Sampling-, Datenfusionierungs-, und Modellierungsansätzen. Zur besseren Veranschaulichung der Funktionsweise werden erneut simulierte Verschleißprozesse und anschließend die gemessenen Lebensdauerdaten betrachtet. Das Kapitel schließt mit einer eingehenden Diskussion der erzielten Ergebnisse.

Eine Zusammenfassung der Arbeit sowie die Formulierung eines Fazits erfolgt abschließend in Kapitel 6.

Prämissen und Methodik 2

Zunächst wird in diesem Kapitel das Applikationsbeispiel genauer betrachtet. Anschließend erfolgt die Vorstellung des in dieser Arbeit eingesetzten AIC-Kompressionsverfahrens sowie die Herausarbeitung der relevanten Grundlagen und Zusammenhänge. Abschließend werden die in Abschn. 1.3 Motivation und Fragestellungen definierten Fragestellungen konkretisiert und der prognostische Ansatz formuliert, auf dem die restliche Arbeit aufbaut.

2.1 Translatorische elektromagnetische Aktoren

Elektromagnetische translatorische Aktoren – auch als Hubmagnete bezeichnet – existieren in verschiedensten Bauformen, Größen sowie Leistungsklassen. Sie werden maßgeblich in Anwendungen eingesetzt, die ein hohes Maß an Zuverlässigkeit, Robustheit und Leistungsfähigkeit verlangen. So finden sie beispielsweise in der Medizin-, Luftfahrt-, Automatisierungs- und Fahrzeugtechnik als Stell- und Betätigungseinheiten Verwendung, denen – je nach Applikation – sicherheitsrelevante Funktionen zukommen können. Speziell in sicherheitskritischen Einsatzszenarien ist die Umsetzung von fortgeschrittenen Monitoring-Strategien wünschenswert, um Ausfallrisiken minimieren und entsprechend agieren zu können. Die genaue Kenntnis der grundlegenden Funktionsweise sowie der relevanten Defekt- und Alterungsmechanismen ist hierfür jedoch essentiell, weshalb diese im folgenden Abschnitt aus verschiedenen Blickwinkeln betrachtet werden sollen.

2.1.1 Aufbau und Funktion

Der in dieser Arbeit betrachtete Aktortyp ist schematisch anhand eines Schnittbilds in Abb. 2.1 dargestellt. Der grundlegende Aufbau setzt sich aus den Magnetfluss führenden Teilen Anker und Gehäuse sowie aus einer Rückholfeder, der Spule, den Gleitlagern und dem Stößel zusammen. Die Anker-Stößel-Baugruppe ist hierbei in x-Richtung beweglich gelagert und wird im unbestromten Zustand mittels einer vorgespannten Rückholfeder an einen definierten Anschlag – die Nulllage – gezogen. Über den Stößel erfolgt die Anbindung an eine Applikation. Der Luftspalt δ entspricht hierbei dem Arbeitshub des Magneten, der zur Ausführung einer Tätigkeit zur Verfügung steht. Die Grundlegende Funktionsweise lässt sich mittels dreier konsekutiver Phasen, bestehend aus *Anzug*, *Haltephase* und *Abfall* beschreiben. Deren elektrische Signale in Anlehnung an Abb. 5.1 aus [60] qualitativ in Abb. 2.2 dargestellt und im Folgenden erläutert sind.

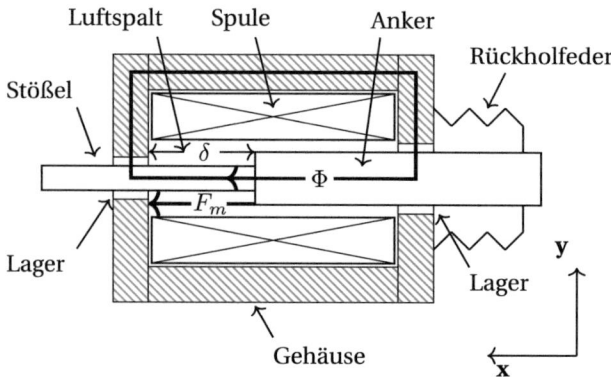

Abb. 2.1 Schematisches Schnittbild eines Hubmagneten

- **Anzug** – t_0 bis τ: Wird die Spule zum Zeitpunkt t_0 bestromt, bildet sich im flussführenden Teil ein magnetischer Fluss Φ aus, der sich über den Luftspalt δ schließt. Die durch den magnetischen Fluss hervorgerufene Kraft F_m bewegt den Anker in x-Richtung und verkleinert so nach dem Reluktanzprinzip den Luftspalt. Die Zeitverzögerung zwischen Einschalten der Versorgungsspannung und dem Einsetzen der Ankerbewegung wird als Anzugverzug bezeichnet und resultiert aus einem verzögerten Aufbau der Magnetkraft, welcher u. a. durch die Induktivität der Spule hervorgerufen wird. Der anhand der charakteristischen Stromeinschnürung gut bestimmbare Zeitpunkt τ wird als Schalt- oder

Anzugszeit bezeichnet und entspricht jener Zeit, die der Anker-Stößel-Komplex nach dem Einschalten der Versorgungsspannung benötigt, um seine Hubendlage zu erreichen.

- **Haltephase** – τ bis t_1: Der Arbeitshub ist beendet und der Luftspalt geschlossen. Anhand des weiter steigenden Spulenstroms ist erkennbar, dass jedoch noch elektro-magnetische Ausgleichsvorgänge stattfinden. Sind diese abgeschlossen, nimmt der Spulenstrom seinen stationären Endwert I_s ein.
- **Abfall** – t_1 bis t_2: Nach Abschalten der Versorgungsspannung bauen sich Strom, magnetisches Feld und damit die Magnetkraft wieder ab. Ist F_m kleiner als die Summe der Gegenkräfte – bestehend aus Federkraft und Haftreibung – wird der Anker durch die Rückholfeder in seine Ausgangsposition zurück gezogen. Die Zeitdifferenz zwischen Abschalten der Versorgungsspannung und einer tatsächlichen Bewegung des Ankers wird Abfallverzug genannt und folgt vergleichbaren Prinzipien wie beim Anzugverzug. Die hierbei auftretende negative induzierte Spannung kann, je nach Auslegung des Elektromagneten, mehrere kV erreichen. Darüber hinaus lässt sich während der Ankerbewegung erneut eine Rückwirkung auf den Spulenstrom anhand einer Stromeinschnürung und eines charakteristischen Peaks zum Zeitpunkt t_2 erkennen.

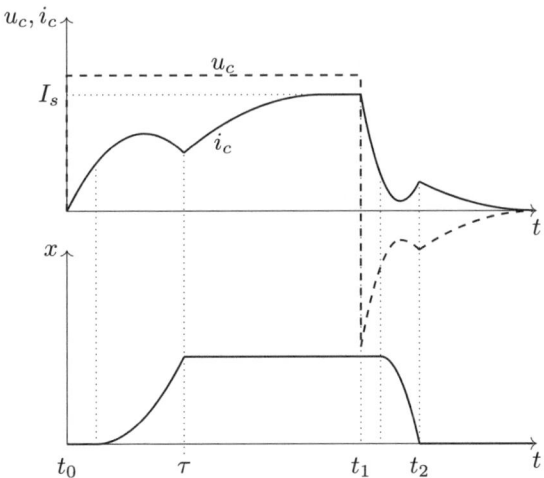

Abb. 2.2 Dynamisches Verhalten eines Elektromagneten im Betriebsfall eingeprägte Spannung (Spulenspannung u_c, Spulenstrom i_c, stationärer Stromendwert I_s, Ankerhub x, charakteristische Zeiten t_i, τ)

Die in der Anzugphase messbare Schaltzeit τ dient im Fertigungs-, Labor- und Feldeinsatz als Merkmal zur Bewertung der Funktionsfähigkeit des Aktors. Sie wird maßgeblich durch die Auslegung des magnetischen Kreises sowie durch die Reibung und den Verschleiß im mechanischen System beeinflusst, weshalb die relevanten Wirk- und Funktionsprinzipien im folgenden Abschnitt genauer betrachtet werden sollen.

2.1.2 Dominanter Verschleißmechanismus

Bereits im Jahr 1860 wurde durch Karl Theodor Reye eine direkte Verbindung zwischen Energieeintrag und auftretendem Verschleiß beschrieben [61]. Heute ist dieser Zusammenhang unter dem Namen Reye-Archard-Khrushchov-Verschleiß-Gesetz bekannt. Der initiale Energieeintrag erfolgt bei elektromagnetischen Antrieben in Form elektrischer Leistung, welche über magnetische Energie schlussendlich in mechanische Arbeit umgewandelt wird. Die hierbei entstehenden Verluste sind maßgeblich thermischer Art, die sich auf eine Erwärmung der Spule als auch auf Reibung in der tribologischen Paarung Anker-Stößel-Lagerung zurück führen lassen[1].

Jeder Hubbewegung, die mit einem erneuten Energieeintrag einhergeht, verursacht Reibung und erhöht damit den Verschleiß im mechanischen System u. a. verstärkt durch fertigungs- und konstruktionsbedingte Faktoren sowie durch die Einbau- und Umgebungsbedingungen. Zu den fertigungsbedingten Einflüssen gehören beispielsweise nicht konzentrisch verbaute Lager oder aber Qualitäts- und Toleranzschwankungen der Einzelteile. Konstruktiv bedingte Einflüsse werden überwiegend durch die Auslegung und Gestaltung des magnetischen Kreises verursacht, wie er – in Anlehnung an das Schnittbild aus Abb. 2.1 – nochmals in der 2D-Finite-Elemente Simulation aus Abb. 2.3 dargestellt ist. Die obere Hälfte veranschaulicht die resultierenden Feldlinienverläufe in den Fluss führenden Teilen. Die untere Hälfte des Schnittbildes zeigt die simulierte Flussdichte als Intensitätsplot, wobei Areale dunkler Färbung für eine hohe, helle Bereiche hingegen für eine geringe Flussdichte stehen.

---

[1] Wirbelstrom- und Ummagnetisierungsverluste sind maßgeblich bei Wechselstrommagneten oder mittels PWM angesteuerten Antrieben relevant.

2.1 Translatorische elektromagnetische Aktoren

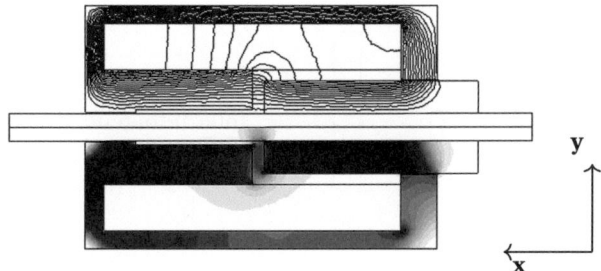

Abb. 2.3 2D-FE-Analyse eines Hubmagneten. Oben: Verlauf der Feldlinien; unten: Intensitätsplot der Flussdichte

Maßgebender Faktor für erhöhte Reibungsverluste sind hierbei Streuflüsse, die nicht nur axiale in x-Richtung wirkende, sondern auch radiale Kraftkomponenten hervorrufen. Diese Streuflüsse sind insbesondere im Bereich des Luftspalts anhand von orthogonal zur Bewegungsrichtung des Ankers gerichteten Feldlinienverläufen erkennbar und hängen direkt mit der Hub-Kraft-Kennlinie des Elektromagneten zusammen. Bei einem idealen rotationssymmetrischen Aufbau würden sich diese Querkräfte exakt aufheben, jedoch führen die bereits beschriebenen fertigungs- und konstruktionsbedingten Faktoren dazu, dass ungünstige Kraftkomponenten auftreten und über die Lebensdauer hinweg zunehmen. Dieser Effekt wird durch positionsabhängige Kräfte, wie sie bei einer Kennlinienbeeinflussung auftreten, verstärkt, was zusätzlich für einen sich beschleunigenden Verschleiß sorgt. Darüber hinaus ändern sich, je nach Einbaulage des Aktors, Richtung und Beitrag der Gewichtskraft F_g, was unterschiedliche Lagerreaktionen verursacht. So wirkt F_g bei einer vertikalen Orientierung des Aktors entweder mit oder gegen die Feder- bzw. Magnetkraft, wobei radiale Kraftkomponenten sich idealerweise gegenseitig aufheben würden. Eine horizontale Orientierung führt hingegen dazu, dass die Lagerreaktion immer an derselben Stelle des Umfangs erfolgt und der Anker-Stößel-Komplex sich so in das Lager „einarbeitet".

Abbildung 2.4 zeigt in Anlehnung an [62] verschiedene Fehlerarten, wie sie in technischen Systemen typischerweise auftreten. Hierbei stellt mechanischer Verschleiß in Form einer Reibungserhöhung einen graduell zunehmenden Fehlerfall dar, der – nach erfolgreicher Erkennung – anhand der verschleißabhängigen Drift für eine Restlebensdauerschätzung verwendet werden kann. Wird die Reibung mit zunehmendem Verschleiß so groß, dass der Anker seine Endlage nicht mehr zuverlässig erreichen kann, geht der graduelle Fehlerfall in einen intermittierenden Fehler über, der zwar einfach erkannt, aber nicht gut vorhergesagt werden kann.

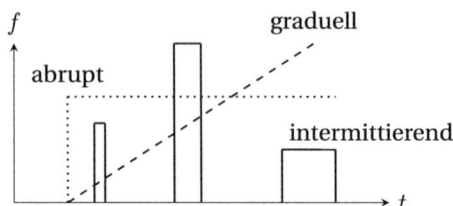

Abb. 2.4 Abrupt, graduell sowie intermittierend auftretende Fehlerarten

Ein abrupt auftretender Fehler[2] kann z. B. durch ein Verkanten und Blockieren des Ankers, einen Bruch der Rückholfeder oder aber durch einen Kurzschluss im elektrischen Teilsystem hervorgerufen werden. Derartige Fehler treten entweder sehr früh im Lebenszyklus oder aber nach einem gewissen Einlaufvorgang als zufällige Ereignisse auf. Der Zusammenhang zwischen Lebensdauer/Zeit und der Fehlerraten ist anhand der sogenannten „Badewannenkurve" aus Abb. 2.5 verdeutlicht [62].

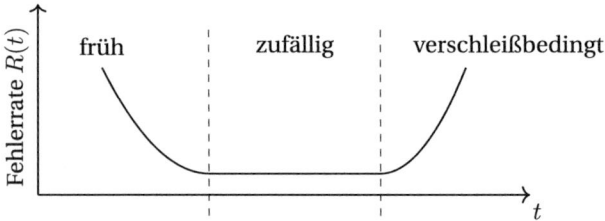

Abb. 2.5 Typische „Badewannenkurve" zeitabhängiger Fehlerraten

Im Feldeinsatz ist es gängige Praxis, entweder im Rahmen einer turnusmäßigen Funktionskontrolle oder aber spätestens beim Erreichen der spezifizierten Lebensdauer einen Austausch des gesamten Aktors durchzuführen und so das Auftreten von – insbesondere graduellen verschleißbedingten – Fehlerfällen sowie die damit einhergehenden Ausfallrisiken auf ein Minimum zu reduzieren.

Für die frühzeitige Erkennung von drohenden Ausfällen, die besonders in sicherheitskritischen Anwendungen einen erhöhten Mehrwert bietet, ist jedoch die Umsetzung eines Condition-Monitorings essentiell. Die hierfür notwendige

---

[2] In der englischsprachigen Fachliteratur gilt es genau zwischen einem "fault" – Fehler und einem "failure" – Ausfall zu unterscheiden.

2.1 Translatorische elektromagnetische Aktoren

Verschleißquantifizierung ist, wie in Abschn. 1.2 Forschungs- und Literaturüberblick bereits resümiert wurde, für Schalt- bzw. Hubmagnete nur unzureichend gelöst. Im folgenden Abschnitt soll deshalb zunächst die Problematik einer modellbasierten Herangehensweise diskutiert werden, bevor anhand eigener Arbeiten die Grundlagen für einen datenbasierten Ansatz diskutiert werden.

2.1.3 Ansätze der modell- und datenbasierten Diagnose

Ziel eines modellbasierten diagnostischen Ansatzes ist es, die Parameter eines Modells über die Lebensdauer hinweg nachzuführen und so eine Quantifizierung bzw. Abbildung der Alterung des Systems zu realisieren [45]. Für den in dieser Arbeit betrachteten Hubmagneten bedeutet dies, dass der im vorigen Abschnitt erläuterte Verschleißmechanismus in Form einer Reibungserhöhung im mechanischen Teilsystem durch das Modell abgebildet werden muss.

Das im Folgenden betrachtete Modell ist im Bereich der Elektromagnete weit verbreitet und u. a. in [60] beschrieben. Wie das Ersatzschaltbilder aus Abb. 2.6 zeigt, besteht es – unter Vernachlässigung eines thermischen Modells bzw. unter der Annahme isothermer Betriebsbedingungen – aus einem elektrischen, einem magnetischen sowie einem mechanischen Teilmodell. Das elektrische Teilmodell bildet hierbei den Innenwiderstand des Netzteils R_i, den Spulenwiderstand R_C sowie die Spule $\Psi(\cdot)$ selbst ab. Das magnetische Teilmodell enthält die Spule in Form einer Induktivität und einer idealen magnetischen Spannungsquelle Θ sowie die Eisenkreis- und Luftspaltreluktanzen R_{mFe} bzw. R_{mx}. Das mechanische Teilmodell berücksichtigt neben der bewegten Masse m eine Dämpfungskonstante ρ sowie eine Federkonstante c.

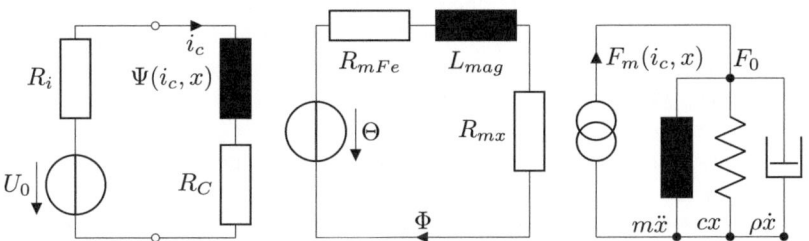

Abb. 2.6 Vereinfachtes Aktuatormodell, bestehend aus elektrischem, magnetischem und mechanischem Teilmodell (angelehnt an Abb. 3.10, [60])

Im Betriebsfall eingeprägte Spannung U_0 ist so die Simulation der Größen Spulenstrom i_c und Ankerposition x möglich, was die Abbildung des in Abb. 2.2 dargestellte dynamische Verhalten eines Hubmagneten erlaubt. Die vereinfachten Zusammenhänge aus Gl. (2.1–2.3) beschreiben die einzelnen Teilmodelle, wobei die elektro-magneto-mechanische Energiewandlung über entsprechende Kopplungsterme umgesetzt ist. Die Verknüpfung von elektrischem und mechanischem Teilmodell erfolgt anhand der in Gl. (2.1) und Gl. (2.3) hervorgehobenen Terme. Sie beschreiben die von der Ankergeschwindigkeit abhängige Änderung des verketteten Flusses und damit die Rückwirkung des mechanischen Teilsystems auf den Spulenstrom. Dieser Effekt wird auch als elektromotorische Gegenkraft bzw. Back Electromotive Force (back EMF) bezeichnet und lässt sich in gemessenen und simulierten Stromverläufen anhand der in Abb. 2.2 schematisch dargestellten markanten Stromeinschnürungen erkennen.

$$U_0 = i_c R_C + \frac{d\Psi(i_c, x)}{dt} = i_c R_C + \frac{\partial \Psi(i_c, x)}{\partial i} \frac{di}{dt} + \boxed{\frac{\partial \Psi(i_c, x)}{\partial x} \frac{dx}{dt}}$$
(2.1)

$$\Theta = \phi(R_{mFe} + R_{mx})$$
(2.2)

$$F_m(i_c, x) = m\ddot{x} + \rho\dot{x} + cx + F_0 = \boxed{\frac{\partial}{\partial x} \int_0^i \Psi(i_c, x)\, di}$$
(2.3)

Die Einbindung des magnetischen Teilmodells erfolgt entweder über Gl. 2.2 oder in Form eines Kennfeldes. Abbildung 2.7a zeigt ein solches $\Psi(i_c, x)$-Kennfeld, dessen Generierung zwar spezielles Messequipment (MagHyst ®, [63]) oder aber eine FEM-Simulation notwendig macht, im Gegenzug jedoch den zu treibenden Modellierungsaufwand deutlich senkt, da das für Gl. 2.2 aufzustellende Reluktanznetzwerk des Eisenkreises entfällt.

Selbst Anpassungen des Eisenkreises, die für eine Realisierung spezieller Hub-Kraft-Verläufen eingesetzt werden und mittels einer Reluktanzmodellierung nur schwer darstellbar sind, können durch das Kennfeld abgebildet werden. Diese auch als Konus bezeichnete Beeinflussung der Hub-Kraft-Kennlinie lässt sich maßgeblich über die gezielte konstruktive Gestaltung des Luftspalts erreichen und ist anhand des „welligen" Verlaufs der Magnetkraft aus Abb. 2.7b gut erkennbar. In Abschnitt 2.1.2 wurde bereits diskutiert, dass diese positions- und stromabhängigen Magnetkräfte – bedingt durch auftretende Querkraftkomponenten – einen direkten Einfluss auf

2.1 Translatorische elektromagnetische Aktoren

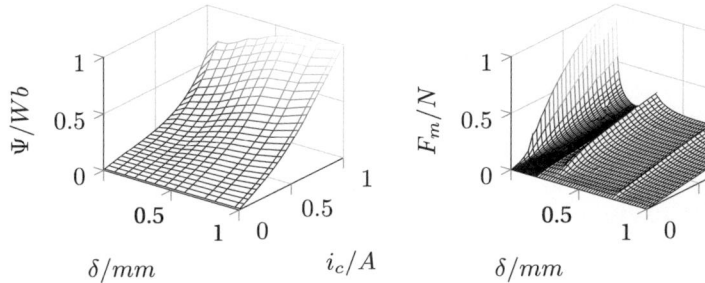

(a) Verketteter Fluss Ψ als Funktion von Luftspalt δ und Strom i_c.

(b) Magnetkraft F_m als Funktion von Luftspalt δ und Strom i_c.

Abb. 2.7 Kennfelder eines Elektromagneten

das Verschleißverhalten haben und damit in der Modellbildung nicht vernachlässigt werden dürfen.

Die Formulierung des mechanischen Teilmodells erfolgt jedoch anhand eines Newtonschen Ansatzes, welcher – neben Kraft der Rückholfeder $F_c = cx$ und Dämpfungsterm $F_\rho = \rho \dot{x}$ – lediglich die Berücksichtigung der beschriebenen konstruktiven Besonderheiten in Form eines $F(i_c, x)$-Kennfeldes ermöglicht. Dieses Kennfeld kann entweder aus dem gemessenen $\Psi(i_c, x)$-Kennfeld berechnet oder aber mittels Zug-Druck-Prüfmaschine direkt vermessen werden.

Um dennoch positionsabhängige Querkraftkomponenten sowie die damit einhergehende Reibung in das Modell einzubinden, kann ein Term der Form $F_0 := f(x, \Lambda)$ eingeführt werden. Dies entspricht dem in [45] vorgestellten Ansatz, wobei Λ jene reibungs- und positionsabhängigen Parameter enthält, die unter Verwendung des gemessenen Spulenstroms identifiziert und über die Aktorlebensdauer hinweg nachgeführt werden müssen.

Hinsichtlich der Einsetzbarkeit des vorgestellten Aktormodells für Condition-Monitoring Zwecke lassen sich folgende Punkte zusammenfassen:

1. Konstruktive Besonderheiten des Magnetkreises sind – insbesondere für komplexe Geometrien – nur mittels Kennfeld in das Modell integrierbar.
2. Die Qualität der gemessenen bzw. simulierten Kennfelder unterliegt diversen menschlichen und/oder systematischen Einflussfaktoren.
3. Die Berücksichtigung der positionsabhängigen Reibung im mechanischen System erfordert eine komplexe Modellbildung [45].
4. Die eindeutige Bestimmbarkeit der Modellparameter ist schwer nachzuweisen [45, 64].

5. Zu jedem Monitoring-Zeitpunkt ist die Messung des Spulenstroms mit ausreichend hoher Abtastrate sowie ein anschließendes Parameter-Fitting notwendig.

Zusammengefasst besteht das Kernelement des modellbasierten diagnostischen Ansatzes darin, zu jedem Monitoring-Zeitpunkt und basierend auf dem jeweils gemessenen Stromverlauf, den Parametersatz Λ zu bestimmen und etwaige Parameter-Drifts über die Aktorlebensdauer hinweg zu verfolgen. Diese Parameter-Drifts korrelieren jedoch qualitativ mit dem alterungsabhängigen Verlauf der Schaltzeit, der ebenfalls anhand der jeweils gemessenen Spulenströme bestimmten wird. Dieser Umstand legt den Schluss nahe, dass eine direkte Verwendung des gemessene Spulenstroms eine zielführende Alternative darstellen kann, weshalb in einem nächsten Schritt datenbasierte Ansätze evaluiert werden sollen, denen lediglich der gemessenen Spulenstrom als Eingangsgröße präsentiert wird.

Ein einfacher und intuitiver diagnostischer Ansatz ist hierbei die manuelle Bestimmung der Schaltzeit mittels Strommessung und Oszilloskop, wie sie beispielsweise im Fertigungs- oder Feldeinsatz erfolgen kann. Der klare Nachteil ist diesbezüglich die zeitintensive grafische Auswertung der Strom-Plots. Für eine automatisierte und während des regulären Betriebs durchführbare Vermessung des Stromverlaufs ist deshalb der Einsatz zusätzlicher Messtechnik unumgänglich. Da Hubmagnete Schaltzeiten im Bereich einiger weniger Millisekunden erreichen können und die charakteristische Stromeinschnürung am Hubende je nach Alter und Magnettyp unterschiedlich stark ausgeprägt ist, muss der Stromverlauf – wie bereits in Punkt 5. angemerkt – mit einer ausreichend hohen Frequenz abgetastet werden. Eine nachfolgende algorithmische Bestimmung der Schaltzeit hat sich jedoch als nicht ausreichend robust erwiesen, da der Stromverlauf mit zunehmendem Magnetalter immer mehr verschleift, was eine starke Zunahme von Fehldetektionen (false-positives) zur Folge hat.

Um dieses Problem zu umgehen, wurde vom Autor der vorliegenden Arbeit in [44] ein datenbasierter Diagnoseansatz vorgeschlagen, wobei mittels einer Kompression des ansteigenden Stromverlaufs (vlg. Abb. 2.2, t_0 bis t_1) versucht wurde, den charakteristischen Verlauf in einigen wenigen Merkmalen zu erfassen. Die Änderung der Koeffizienten über die Lebensdauer hinweg wurde hierbei als Maß für die Alterung des Aktors verwendet. Entscheidender Nachteil bei dieser Vorgehensweise war jedoch, dass die notwendige Merkmalsextraktion auf den Einsatz verschiedener Kompressionsverfahren, wie z. B. Wavelets sowie eine nachgelagerte Merkmalsselektion angewiesen und damit aufwendig zu generieren war.

Dennoch hat sich der Ansatz, anhand von komprimierten Stromverläufen einen verschleißabhängigen Indikator zu generieren, als zielführende und vielversprechende Alternative zu den bereits betrachteten Herangehensweisen erwiesen. Die grundsätzliche Idee soll deshalb weiter evaluiert und unter Verwendung des AIC Kompressionsverfahrens Compressed Sensing (CS) ausgebaut werden. Ziel der folgenden Kapitel ist diesbezüglich die Aufarbeitung der notwendigen Grundlagen sowie die Betrachtung der für die vorliegende Problemstellung relevanten Zusammenhänge.

2.2 Compressed Sensing

Compressed Sensing – auch Compressed Sampling oder Compressive Sensing – ist eine mathematische Theorie der Signal-, Bild- und Datenverarbeitung, die 2006 nahezu zeitgleich von [65] sowie [66] vorgestellt wurde und seither stetig in neue Forschungsfelder und Anwendungsbereiche vordringt. Von besonderer Relevanz ist Compressed Sensing hierbei in jenen Anwendungen, wo enorme Datenmengen auflaufen, wie z. B. in der medizinischen Bildgebung [67] oder der Radartechnik [68]. Die Leistungsfähigkeit der heute zur Verfügung stehenden Datenerfassungs- und Sensorsysteme führt dazu, dass häufig mit einer deutlich höheren Abtastrate gesampelt wird, als es das Shannon-Nyquist Abtasttheorem vorschreibt. Um jedoch nur die wichtigsten und informationstragenden Daten speichern, verarbeiten oder versenden zu müssen, ist eine Komprimierung notwendig, bei der alle nicht relevanten Daten verworfen werden. Der gesamte klassische Sampling-Prozess arbeitet also, wie bereits in Abschn. 1.3 Motivation und Fragestellungen dargestellt, mit einem erheblichen Overhead. Die grundlegende Idee hinter Compressed Sensing ist, dass sich ein Signal mit deutlich weniger Samples abtasten und anschließend rekonstruieren lässt, sofern gewisse Anforderungen an das betrachtete Signal sowie an das Messsystem erfüllt sind. Hierbei wird in der Literatur maßgeblich das endlich-dimensionale Compressed Sensing Standardmodell behandelt, welches die Kompression und Rekonstruktion von zeitdiskreten Signalen endlicher Dimensionalität zum Ziel hat. In der vorliegenden Arbeit kommt dieser Ansatz ebenfalls zur Anwendung, weshalb in den folgenden Kapiteln maßgeblich die hierfür notwendigen Grundlagen erarbeitet werden. Zunächst soll jedoch anhand eines Literaturüberblicks der Forschungsstand im Hinblick auf die Anwendung von Compressed Sensing im Kontext von Condition-Monitoring betrachtet werden.

2.2.1 Verortung im Condition-Monitoring Kontext

Eine erste Kombination von Compressed Sensing mit einem klassischen Klassifikationsproblem wurde in [69] vorgeschlagen. Es konnte gezeigt werden, dass komprimierte Messdaten – im Folgenden auch als CS-Koeffizienten bzw.

Koeffizientenvektor bezeichnet – nicht nur für die Signalrekonstruktion, sondern auch als Merkmale für eine Klassifikationsaufgabe verwendet werden können. Der Einsatz von CS für die Klassifikation von Musikgenres wurde in [70] beschrieben. Hier wurden zunächst etablierte Verfahren angewendet, um Merkmalsvektoren aus den Zeitbereichssignalen zu gewinnen, welche anschließend mittels CS komprimiert und über eine Residuenauswertung den entsprechenden Klassen zugeordnet wurden[3].

In [72] wurden komprimierte Vibrationssignalen verwendet, um verschiedenste Fehlerfälle in Kugellager zu detektieren. Hierzu wurden fehlerspezifische Dekompositionsmatrizen (sog. Dictionaries) angelernt, mit deren Hilfe die Rekonstruktion komprimierter Vibrationssignale erfolgte. Über den erzielten Rekonstruktionsfehler wurde schlussendlich die Zuordnung zur entsprechenden Fehlerklasse durchgeführt.

In [73] wurde, ebenfalls basierend auf einer Vibrationssignalanalyse, die Detektion von Lager- und Getriebeschäden beschrieben. Hierzu wurden die Zeit-Frequenz Darstellung eines Vibrationssignals mittels CS komprimiert, anschließend rekonstruiert und analysiert. Der Fokus lag hierbei auf einer möglichst artefaktfreien Rekonstruktion, um die fehlerspezifischen Muster so wenig wie möglich zu kompromittieren.

Ein erster Ansatz die Rekonstruktion von komprimierten Messdaten zu umgehen wurde in [74] für die Vibrationsdaten von Wälzlagern beschrieben. Hier wurden nur jene Datensätze teilweise rekonstruiert, die in den komprimierten Messdaten gewisse Fehlersignaturen aufwiesen. Durch denselben Autor wurde in [75] ein erweiterter Ansatz beschrieben, der komplett auf eine Rekonstruktion der Vibrationsdaten verzichtete, ohne Abstriche im Hinblick auf die Klassifikationsleistung machen zu müssen. Eine gute Repräsentation der sehr breitbandigen Vibrationssignale sowie der darin enthaltenen Fehlersignaturen wurde durch das Lernen von angepassten Dictionaries erzielt.

Ein vergleichbarer Ansatz, ebenfalls für die Verarbeitung von Vibrationsdaten, wurde in [76] vorgestellt. Die bei der Kompression mittels fehlerspezifischer Dictionaries erzielbare Sparsity (Erläuterung hierzu siehe folgenden Abschnitt) wurde hierbei als Indikator für die Klassenzugehörigkeit genutzt.

Die Überwachung von verfahrenstechnischen Anlagen mittels einer Compressive Sparse Principal Component Analysis wurde in [77] vorgeschlagen. Vorhandene Messdaten wurden hier zunächst komprimiert und auf auffällige Muster hin untersucht. Beim Auftreten eines solchen Musters wurden die entsprechenden

---

[3] Eine kritische Betrachtung dieser Ergebnisse sowie die einiger Folgestudien ist in [71] zu finden.

2.2 Compressed Sensing

Datenblöcke rekonstruiert und mittels einer angepassten PCA die dominanten fehlerspezifischen Merkmale extrahiert.

Durch den Autor der vorliegenden Dissertation wurde in [58] erstmals die direkte Verwendung von CS-Koeffizienten für ein Condition-Monitoring von translatorisch arbeitenden elektromagnetischen Aktoren, ebenfalls ohne Rekonstruktion der Messdaten, vorgeschlagen. Es wurde jedoch nicht nur gezeigt, dass komprimierte Messdaten fehlerspezifische Informationen tragen und damit als Merkmale für Klassifikationsaufgaben genutzt werden können, sondern dass auch Information über Alterung/Verschleiß in den CS-Koeffizienten enthalten ist, was sie prinzipiell geeignet für eine Schätzung der Restlebensdauer macht.

In [78] und [79] wurde ein Verfahren beschrieben, welches komprimierte Vibrationsdaten von Kugellagern direkt als Input für eine Neural Network basierte Fehlerklassifikation verwendet, ohne die Messdaten rekonstruieren zu müssen.

Basierend auf den in [58] publizierten Ergebnissen, wurde in [59] durch den Autor der vorliegenden Dissertation die Anwendung einer Logistic-Regression (LogReg) auf CS-Koeffizienten zur Generierung eines alterungsspezifischen HI beschrieben. Das dort vorgestellte Verfahren wird in Abschn. 3.2.2 Fusionierung mittels Logistischer Regression aufgegriffen und bildet die Grundlage für die in Abschn. 3.3 Anwendung auf gemessene Lebensdauerdaten generierten Ergebnisse sowie für die Restlebensdauerschätzung aus Kap. 5 Restlebensdauerschätzung.

Eine Neural Network basierte Verarbeitung von CS-Koeffizienten wurde in [80] für die Diagnose von Kugellagern beschrieben, wobei ein besonderes Augenmerk auf die Darstellung und Optimierung der Prozesskette, bestehend aus Komprimierung, Merkmalsextraktion und Klassifikation, gelegt wurde.

Fazit Ein Großteil der betrachteten Veröffentlichungen befasste sich mit der Compressed Sensing basierten Klassifikation von Fehlern in rotierenden Anwendungen. Häufigstes Beispiel war hierbei die Analyse von Vibrationsdaten eines Kugellagers, wobei das CS-Messsystem durch einen Trainingsprozess, das sog. Dictionary Learning, an das breitbandige Frequenzspektrum von Vibrationssignalen sowie an unterschiedliche Fehlerfälle angepasst werden musste. In ersten Veröffentlichung zu dem Thema erfolgte zumeist eine Anomalieerkennung in den komprimierten Messdaten, bevor anschließend eine Rekonstruktion sowie eine Fehlerdiagnose in den rekonstruierten Rohdaten erfolgte. Später wurde dazu übergegangen, direkt im komprimierten Raum zu klassifizieren und so eine oft fehler- und artefaktbehaftete Rekonstruktion zu umgehen.

Allen bisherigen Ansätzen ist gemein, dass sie das in der Motivation dargestellte Problem beheben, dass „klassische" Merkmalsextraktionsverfahren einen substantiellen Overhead an Messdaten generieren und verarbeiten müssen, um an fehler- und alterungsspezifische Informationen zu gelangen. Allerdings wurde zumeist nicht zwischen unterschiedlichen Ausprägungen innerhalb einer Fehlerklasse differenziert, was Fehlerprognosen und eine Früherkennung von Verschleiß erschwert bzw. Restlebensdauerschätzungen schlicht nicht erlaubt.

Diese Forschungslücke soll im weiteren Verlauf der Arbeit betrachtet und am Beispiel des translatorischen Elektromagneten untersucht werden.

2.2.2 Grundlagen und Konzepte

Ein Grundmodell der Signaltheorie ist, dass sich Signale als Vektoren eines Vektorraumes oder Unterraumes darstellen lassen, wobei jedoch nicht jeder mögliche Vektor einem validen Signal entspricht. Lassen sich die betrachteten Signale aber als Linearkombination einiger wenigen Basisvektoren darstellen, so erhält man das einfache und gleichzeitig effektive Modell der dünn besetzten Signale. Diese als Sparsity bezeichnete Eigenschaft bildet hierbei die eingangs beschrieben Grundanforderung an das betrachtete Signal und damit ein Schlüsselelement von Compressed Sensing. Ein Signal oder Vektor x wird dann als dünn besetzt bzw. exactly sparse bezeichnet, wenn nur wenige Koeffizienten ungleich Null existieren. Sie werden auch als Support des Vektors x bezeichnet

$$\operatorname{supp}(x) = \{i : x_i \neq 0\}. \tag{2.4}$$

Ist die Anzahl der von null verschiedenen Koeffizienten kleiner-gleich k, so sprich man auch von k-sparsity. Der in [65] eingeführte Ausdruck $\|x\|_0$ beschreibt hierbei die Anzahl der von Null verschiedenen Koeffizienten, stellt aber trotz der Notation keine echte Norm dar

$$\|x\|_0 = |\operatorname{supp}(x)| \leq k. \tag{2.5}$$

Die Menge aller k-sparsen Vektoren wird als $\Sigma_k = \{x : \|x\|_0 \leq k\}$ bezeichnet. Hierbei gilt es zu beachten, dass die Linearkombination zweier dünn besetzter Signale $x_1, x_2 \in \Sigma_k$ mit $\|x_1\|_0 = \|x_2\|_0 \leq k$ nicht zwangsläufig $x_1 + x_2 \in \Sigma_k$ ist, sondern $x_1 + x_2 \in \Sigma_{2k}$, da der Support, also die Indizes der Koeffizienten $c_i \neq 0$, unterschiedlich sein kann (siehe Abb. 2.8).

2.2 Compressed Sensing

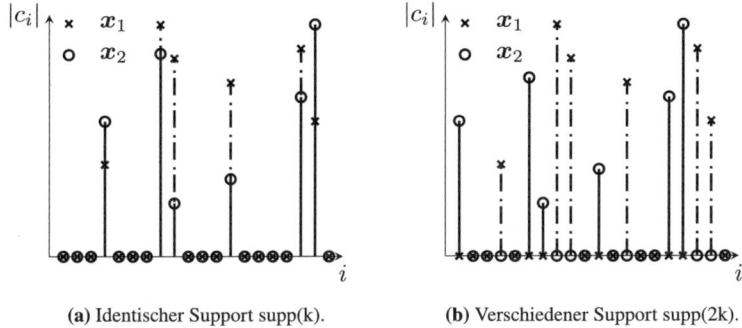

(a) Identischer Support supp(k). (b) Verschiedener Support supp(2k).

Abb. 2.8 Darstellung der Koeffizienten zweier k-sparser Vektoren

Häufig sind Signale technischen Ursprungs nicht dünn besetzt, sondern lediglich komprimierbar oder approximately sparse. Sie besitzen, wie in Abb. 2.9 dargestellt, einige wenige informationstragende sowie viele Koeffizienten mit vergleichsweise kleiner Amplitude nahe Null. Komprimierbare Vektoren lassen sich durch ein dünn besetztes Signal $\hat{x} \in \Sigma_k$ approximieren, bei dem lediglich die k größten Koeffizienten verwendet werden.

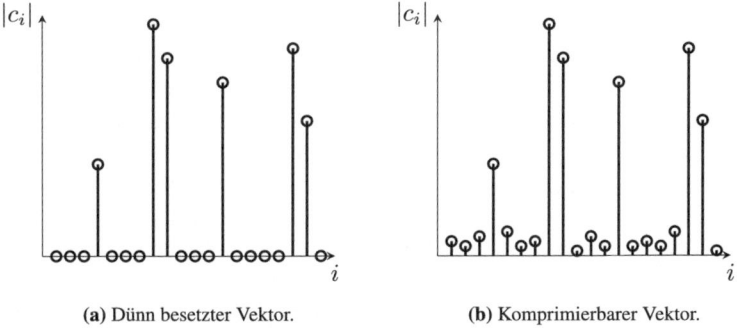

(a) Dünn besetzter Vektor. (b) Komprimierbarer Vektor.

Abb. 2.9 Dünn besetzte und komprimierbare Vektoren

Der k-fache, mittels p-Norm berechnete Approximationsfehler $\delta_k(x)_p$ aus Gl. 2.6 ist hierbei ein Maß für die Komprimierbarkeit des entsprechenden Vektors. Er wird dann minimal, wenn als supp(x) die k größten Koeffizienten gewählt werden.

$$\delta_k(x)_p = \min_{\hat{x} \in \Sigma_k} \|x - \hat{x}\|_p \tag{2.6}$$

Eine intuitivere Beschreibung von Komprimierbarkeit ergibt sich, wenn man die Koeffizienten c eines in der orthonormalen Basis Ψ dünn besetzten Signals x betrachtet. So wird x als komprimierbar bezeichnet, wenn die sortierten Koeffizienten $|c_1| \geq |c_2| \geq \cdots \geq |c_n|$ mit der in Gl. 2.7 eingeführten Konstanten $\alpha > 0$ abfallen. Hierbei gilt: je größer α, desto komprimierbarer ist das Signal.

$$|c_i| \leq i^{\frac{1}{2}-\alpha} \quad \leftrightarrow \quad \delta_k(x)_2 \leq k^{-\alpha}. \tag{2.7}$$

Für $p = 2$ lässt sich darüber hinaus ein Zusammenhang mit dem k-fachen Approximationsfehler aus Gl. 2.6 herstellen, der abhängig von der Sparsity k ebenfalls mit der Konstanten α abfällt. Generell bedeutet also eine zunehmende Komprimierbarkeit, dass immer weniger CS-Samples nötig sind, um einen Vektor erfolgreich zu komprimieren und anschließend erneut zu rekonstruieren.

Der Koeffizientenvektor c ist jedoch nicht immer direkt zugänglich, da Signale technischer Applikationen selten im Zeitbereich, sondern zumeist nur in einer eventuell unbekannten Basis sparse darstellbar sind. Dieser Umstand wird allerdings nur von wenigen Autoren, wie etwa [81] oder [82], explizit thematisiert. In der Literatur wird häufig vereinfachend davon ausgegangen, dass entweder direkt ein sparses Signal zur Kompression vorliegt, oder es wird im Vorfeld eine orthonormale Transformation des Signals durchgeführt, wobei durch das Nullsetzen von Koeffizienten unterhalb eines definierten Schwellwerts ein k-sparser Vektor approximiert wird. Auf diese Weise wird jedoch kein Compressed Sensing, sondern lediglich eine Transformationskodierung durchgeführt, wie sie beispielsweise bei der Bild-Kompression mittels Wavelets eingesetzt wird.

Die entscheidende Rolle, die der Auswahl einer geeigneten orthonormalen Basis im Zusammenhang mit dem in dieser Arbeit betrachtet Problem zukommt, wird anhand der Darstellung aus Abb. 2.10 visualisiert. Es wurde ein gemessener Stromverlauf, wie er exemplarisch in Abb. 2.11a dargestellt ist, mittels zweier Wavelet Transformationen, einer Fast-Fourrier Transformation (FFT) sowie über eine diskrete Kosinus Transformation (DCT)[4] transformiert. Der Betrag der resultierenden

---

[4] Im Folgenden wird das Akronym DCT für discrete cosine transform verwendet.

2.2 Compressed Sensing

Koeffizienten wurden anschließend absteigend sortiert und doppelt logarithmisch aufgetragen. Anhand des Vergleichs mit dem arbiträr gewählten Grenzwert von $\alpha = 1.25$ kann schlussendlich bewertet werden, ob die Darstellung des Signals in der jeweiligen orthonormalen Basis Ψ_j den gewählten Anforderungen entspricht und damit Gl. 2.7 erfüllt.

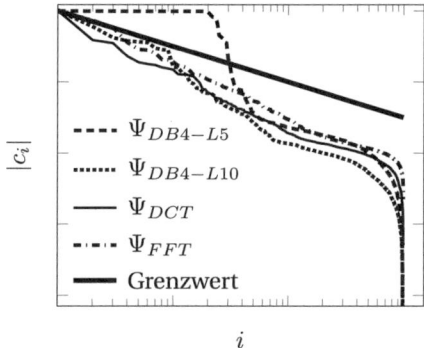

Abb. 2.10 Sortierte Koeffizienten des transformierten Stromverlaufs

Insbesondere das Ergebnis der Wavelet-1 Transformation sticht in der Abbildung hervor, da der Koeffizientenvektor im Vergleich mit den restlichen Ergebnissen weniger schnell abfällt und teilweise oberhalb des Grenzwertes liegt. Dies spricht für eine schlechtere Komprimierbarkeit des Stroms in der Ψ_{DB4-L5} Basis, was maßgeblich damit zusammenhängt, dass der Koeffizientenvektor viele Elemente höherer Amplitude enthält.

Ideales Messsystem Im endlich dimensionalen CS Standardmodell wird der Kompressionsschritt durch die linearen Abbildung aus Gl. 2.8 dargestellt. Hierbei ist $x \in \mathbb{R}^N$ das zu komprimierende dünn besetzte Signal und $\Phi \in \mathbb{R}^{M \times N}$ das nichtadaptive ideale Messsystem, das die Abbildung $\mathbb{R}^N \to \mathbb{R}^M$ realisiert. Der CS-Vektor $y \in \mathbb{R}^M$ entspricht der komprimierten Darstellung von x mit $M < N$ Komponenten.

$$y = \Phi x \tag{2.8}$$

$\boldsymbol{\Phi}$ wird auch als Sampling-Matrix bezeichnet und zumeist als Zufallsmatrix realisiert [65, 81]. Eine Aufarbeitung der für die Messsystemauslegung essentiellen Zusammenhänge erfolgt in Abschn. 2.2.3 Anforderungen an das Messsystem. Sind die Messungen durch Quantisierungs- oder Signalrauschen kontaminiert, wird Gl. 2.8 um einen meist als bandbegrenzt angenommenen Rauschterm ν erweitert.

$$y = \boldsymbol{\Phi} x + \nu \quad \text{mit} \quad \|\nu\|_2 \leq \epsilon \tag{2.9}$$

Ist x nicht dünn besetzt, so muss – wie bereits erläutert – eine Darstellung in einer geeigneten orthonormalen Basis $\boldsymbol{\Psi} \in \mathbb{R}^{N \times N}$ gefunden werden. Das Compressed Sensing Problem ergibt sich somit zu

$$y = \boldsymbol{\Phi}\boldsymbol{\Psi} c = \boldsymbol{\Theta} c, \tag{2.10}$$

wobei $\boldsymbol{\Theta} \in \mathbb{R}^{M \times N}$ auch als Sensing-Matrix bezeichnet wird und nicht mit der Sampling-Matrix zu verwechseln ist. Der Vektor $c \in \mathbb{R}^N$ entspricht hierbei den Koeffizienten von x auf $\boldsymbol{\Psi}$, wobei die Spalten $\{\boldsymbol{\psi}_i\}_{i=1}^N$ die einzelnen Basisvektoren darstellen. Die Auswahl einer geeigneten orthonormalen Basis, in der das betrachtete Signal möglichst sparse dargestellt werden kann, erfolgt entweder mittels lernender [83] Ansätze oder empirisch. Lernende Methoden, wie etwa Dictionary Learning, haben zwar den Vorteil, dass sie gut auf die jeweilige Signalstruktur anpassbar sind, jedoch ist ein erhöhter algorithmischer Aufwand im Trainingsprozess zu erwarten. Fixe orthogonale Standardbasen sind zwar weniger flexibel hinsichtlich der Signale auf die sie angewendet werden können, jedoch reicht die damit erzielbare Sparsity bzw. Komprimierbarkeit häufig für eine Kompression aus. Ein Indikator hierfür sind die qualitativ sehr ähnlichen Verläufe der mittels $\Psi_{DB4-L10}$, Ψ_{FFT} und Ψ_{DCT} generierten Koeffizientenvektoren aus Abb. 2.10. Für alle weiteren Betrachtungen wurde die diskrete Kosinus Transformation als Standardbasis ausgewählt, da die Komprimierbarkeit des Stromsignals in Ψ_{DCT} vergleichsweise gut und die DCT einfach anwendbar und effizient implementierbar ist. Abbildung 2.11 zeigt exemplarisch einen Stromverlauf im Zeitbereich, in der DCT-Basis sowie in komprimierter Form. Der Kompressionsschritt, also die Überführung des Zustandes (b) nach (c), wird hierbei mit Gl. 2.8 unter Verwendung der Sampling-Matrix $\boldsymbol{\Phi}$ umgesetzt. Gleichung 2.10 kommt zum Tragen, wenn mit der Sensing-Matrix $\boldsymbol{\Theta}$ der Strom (a) direkt in seine komprimierte Form (c) überführt werden soll. Im vorliegenden Beispiel kann so eine Reduktion der Sample-Zahl um Faktor fünf erzielt werden.

2.2 Compressed Sensing

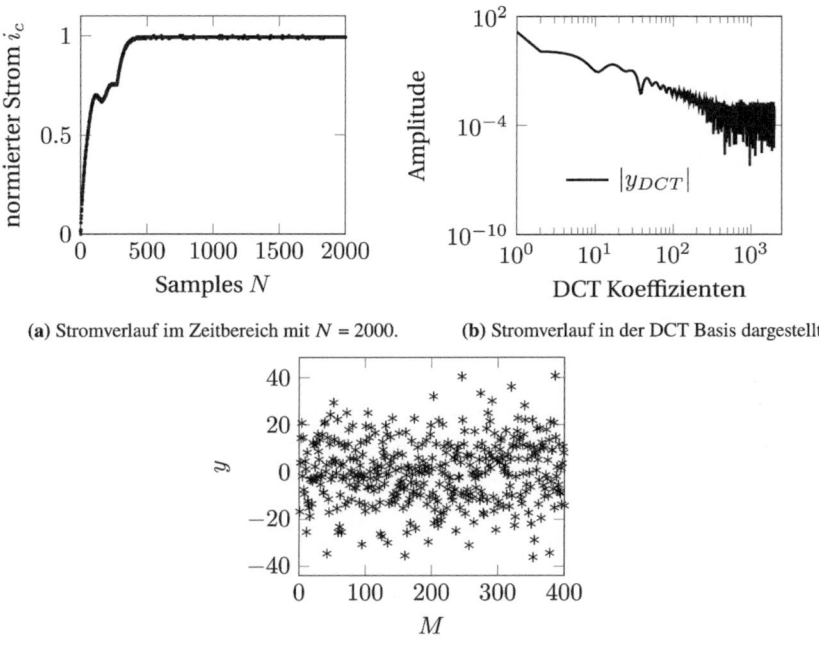

(a) Stromverlauf im Zeitbereich mit $N = 2000$.

(b) Stromverlauf in der DCT Basis dargestellt.

(c) Komprimierter Stromverlauf mit $M = 400$.

Abb. 2.11 Stromverlauf in verschiedenen Darstellungsformen

Praxisnahe Messsysteme Ein Großteil der Forschung baut, wie bereits eingangs angemerkt, auf dem endlich-dimensionalen CS-Standardmodell auf, obwohl im Feldeinsatz maßgeblich periodische kontinuierliche Signale, wie z. B. Vibration, auftreten. Die Anwendbarkeit von Compressed Sensing hängt jedoch nicht von der Signallänge, sondern von dessen Sparsity ab, weshalb lediglich die Verfügbarkeit geeigneter Hardware einem industriellen Einsatz entgegen steht.

Zur Lösung dieses Problems wurden bereits kurz nach der erstmaligen Vorstellung von Compressed Sensing durch Donoho und Candés in 2006 Konzepte für ein praxistaugliches Messsystem vorgeschlagen. Das in Abb. 2.12 dargestellte Blockschaltbild zeigt den prinzipiellen Aufbau des in [84, 85] und [86] vorgestellten Random-Demodulators.

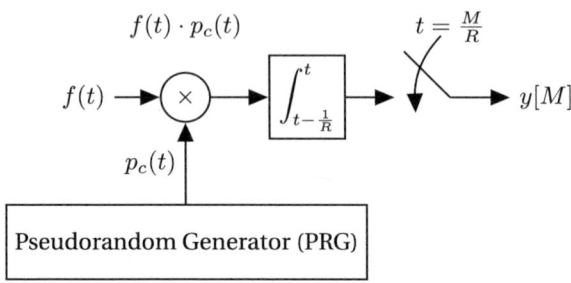

Abb. 2.12 Blockschaltbild eines Random-Demodulators, angelehnt an [87]

Die Kompression eines Zeitbereichssignals $f(t)$ erfolgt hierbei durch eine Integration über das Intervall $[t - \frac{1}{R}, t]$ mit anschließender Unterabtastung um Faktor $\frac{M}{R}$ sowie einer zuvor durchgeführten Mischung von $f(t)$ mit einer pseudo-zufälligen Bernoulli-Sequenz $p_c(t)$, wie sie exemplarisch in Abb. 2.13 dargestellt ist. Analog zum idealen Messsystem stellt M die Anzahl komprimierter Messwerte und R die Abtastfrequenz dar. Allerdings wird in der Theorie davon ausgegangen, dass das als Demodulationssequenz eingesetzte Rechtecksignal seine Polarität instantan wechselt. Diese Anforderung ist elektronisch jedoch nicht abbildbar, was im realen Aufbau zu einer schlechten Coherence des Messsystems führt [88]. Drüber hinaus richtet sich die Alternierungsfrequenz von $p_c(t)$ nach der höchsten im Signal vorkommenden Frequenz, welche demnach bekannt ein muss. Die genaue Besdeutung der Coherence wird im Compressed-Sensing Gesamtkontext in Kap. 2.2.3 Rekonstruktionsgarantien noch genauer betrachtet.

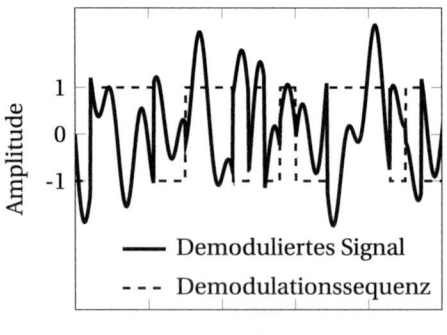

Abb. 2.13 Demodulationssequenz und demoduliertes Beispielsignal

2.2 Compressed Sensing

Rekonstruktion Ziel eines arbiträren Rekonstruktionsalgorithmus Δ ist es, ein sparses Signal anhand dessen komprimierter Darstellung wiederherzustellen

$$\Delta : \mathbb{R}^M \to \mathbb{R}^N. \tag{2.11}$$

Das Compressed Sensing Problem $\boldsymbol{\Phi}\tilde{\boldsymbol{x}} = \boldsymbol{y}$ aus Gl. 2.8 stellt jedoch ein unterbestimmtes lineares Gleichungssystem dar, das unendlich viele Lösungen $\tilde{\boldsymbol{x}}$ besitzt und nur unter Berücksichtigung von Zusatzinformationen gelöst werden kann. Zentrales Element ist hierbei, dass der Lösungsraum auf sparse Vektoren beschränkt wird, deren Identifikation unter Zuhilfenahme von Vektornormen erfolgt. Naheliegend wäre es diesbezüglich, einen Vektor mit möglichst kleinem $\|\boldsymbol{x}\|_0$ zu suchen, da dieser viele Elemente gleich null enthält und damit sparse ist. Das dadurch entstehende Minimierungsproblem erweist sich allerdings als NP-schwer und ist wenig praktikabel. Eine Optimierung unter Verwendung der ℓ_2-Norm liefert, wie auf der nächsten Seite noch visualisiert werden wird, ebenfalls keine sparse Lösung und scheidet als Option aus.

Wird jedoch die konvexe ℓ_1-Norm verwendet, lässt sich das als Basis-Pursuit bezeichnete Optimierungsproblem aus Gl. 2.12 effizient lösen [89].

$$\min_{\boldsymbol{x}} \ \|\boldsymbol{x}\|_1 \quad \text{u.d.N.} \quad \boldsymbol{y} = \boldsymbol{\Phi}\boldsymbol{x} \tag{2.12}$$

Für den verrauschten Fall wird das Problem aus Gl. 2.12 folgendermaßen erweitert:

$$\min_{\boldsymbol{x}} \ \|\boldsymbol{x}\|_1 \quad \text{u.d.N.} \quad \|\boldsymbol{\Phi}\boldsymbol{x} - \boldsymbol{y}\|_2^2 \leq \epsilon. \tag{2.13}$$

Zur besseren Veranschaulichung sind in Abb. 2.14 die eindimensionale Approximationen A des Punktes x unter Verwendung der ℓ_1 und ℓ_2 Vektor-Normen dargestellt. Für $p = 1$ ist gut erkennbar, dass der Punkt $\hat{x}$ mit minimaler ℓ_p-Norm auf der Ordinate liegt und damit eine sparse Lösung darstellt. Für $p = 2$ ergibt sich hingegen eine Verteilung auf zwei Koeffizienten, was einer nicht-sparsen Lösung entspricht.

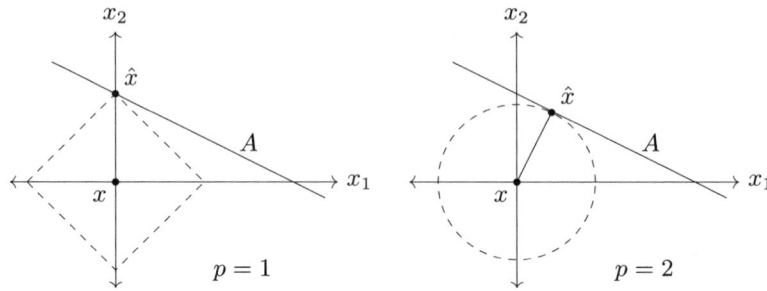

Abb. 2.14 Approximation A eines Punktes x mittels ℓ_1- und ℓ_2-Norm, angelehnt an [90]

Eine Anwendung der ℓ_1-Minimierung auf die in dieser Arbeit vorliegende Problemstellung ist in Abb. 2.15 dargestellt. Abbildung 2.15a zeigt hierbei die in der DCT-Basis sparse Repräsentation eines Stromverlaufs sowie dessen auf einer ℓ_1-Minimierung basierenden Rekonstruktion nach zuvor erfolgter idealer Kompression. Insbesondere die gute Abbildung von Koeffizienten höherer Amplitude ist in diesem Zusammenhang hervorzuheben, da diese die relevanten und informationstragenden Anteile des sparsen Vektors darstellen. Die anhand der DCT-Koeffizienten rücktransformierten Stromverläufe aus Abb. 2.15b weisen eine qualitativ gute Übereinstimmung auf und unterscheiden sich lediglich anhand des höheren Rauschanteils der Rekonstruktion, welcher durch den Rekonstruktionsalgorithmus sowie die Kompression induziert wird.

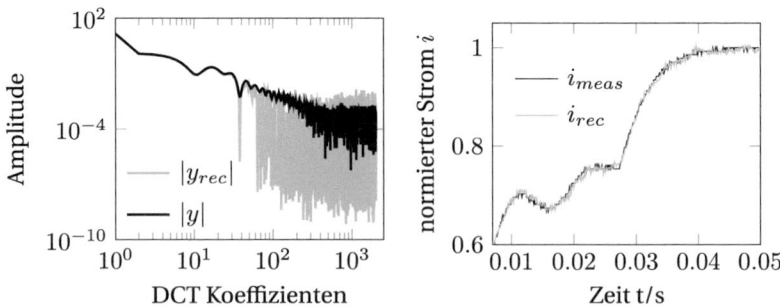

(a) Koeffizienten eines komprimierten und eines rekonstruierten Stromverlaufs.

(b) Mittels ℓ_1-Minimierung rekonstruierter Stromverlauf.

Abb. 2.15 Komprimierter und rekonstruierter Stromverlauf

Auf eine weiterführende und detaillierte Betrachtung verschiedener Rekonstruktionsalgorithmen[5] wird an dieser Stelle jedoch verzichtet, da, wie anhand des prognostischen Ansatzes aus Abschn. 2.3 Formulierung des prognostischen Ansatzes noch gezeigt werden wird, die tatsächliche Rekonstruktion von Signalen aus deren komprimierten Darstellungen in der vorliegenden Arbeit nur eine untergeordnete Rolle spielt. Stattdessen sei auf [82] und [91] verwiesen, die jeweils umfassende Einführungen in die Thematik bieten. Eine eingehende Betrachtung jener theoretischen Grundlagen, die eine erfolgreiche Rekonstruktion ermöglichen, ist für das Design eines funktionierenden CS Messsystems jedoch unerlässlich. Im folgenden Kapitel wird deshalb auf die hierbei relevanten Zusammenhänge genauer eingegangen.

2.2.3 Anforderungen an das Messsystem

Matrizen, welche als Messsystem eingesetzt werden sollen, müssen definierte mathematische Eigenschaften aufweisen, damit die Information des Originalsignals „konserviert", die Unterscheidung verschiedener sparser Signale $\Phi x_1 \neq \Phi x_2$ ermöglicht und die eindeutig Rekonstruktion von x aus y sichergestellt werden kann. In den folgenden Betrachtungen werden diese Eigenschaften für sparse, komprimierbare und verrauschte Signale zusammengefasst und in Verbindung mit den Ausführungen der vorherigen Abschnitte gebracht.

Rekonstruktionsgarantien Eine wichtige Eigenschaft für die eindeutige Rekonstruktion sparser Vektoren ist der sogenannte Spark einer Matrix[6]. Als spark(·) wird die kleinste Anzahl linear abhängiger Spalten einer Matrix $A \in \mathbb{R}^{M \times N}$ bezeichnet. Für das in Gl. 2.12 vorgestellte Minimierungsproblem bedeutet dies konkret, dass der Nullraum $\mathcal{N}_0$ der Sampling-Matrix Φ keine Elemente aus dem Raum der k-sparsen Vektoren Σ_k enthalten darf [81].

$$\text{spark}(\Phi) = \min\{k : \mathcal{N}_0 \cap \Sigma_k = \emptyset\}. \quad (2.14)$$

Die Rekonstruktion kann dann garantiert werden, wenn $\text{spark}(\Phi) > 2k$ mit $\text{spark}(\Phi) \in [2, M+1]$ gilt. Für die Anzahl nötiger CS-Messungen M kann folgende Anforderung abgeleitet werden: $M \geq 2k$. Hieraus geht unmittelbar hervor,

---

[5] Greedy-Search-Verfahren: Compressive Sampling Matched Pursuit (CoSaMP), Orthogonal Matching Pursuit (OMP).
Schwellwert-basierte Verfahren: Basic- und Iterative-Hard-Thresholding.

[6] Wortkonstrukt aus *sparse* und *rank*.

dass die Anzahl notwendiger CS-Messungen lediglich von der Signal-Sparsity k und nicht von der Signallänge N abhängt, was bereits in Abschnitt *Praxisnahe Messsysteme* thematisiert wurde und die Grundlage für eine Erweiterung der Theorie auf kontinuierliche Signale bildet. Die Anforderung $M \geq 2k$ lässt sich jedoch nicht auf komprimierbare Vektoren übertragen, weshalb das sogenannte Null-Space-Property (NSP) herangezogen werden muss [90]. Das NSP ist eine Erweiterung des Spark und besagt, dass $\mathcal{N}_0(\mathbf{\Phi})$ auch keine Vektoren enthalten darf, die eine gute Komprimierbarkeit aufweisen bzw. die einem sparsen Vektor in $\mathcal{N}_0(\mathbf{\Phi})$ zu ähnlich sind. Eine erfolgreiche Rekonstruktion kann für viele Rekonstruktionsalgorithmen Δ dann garantiert werden, wenn für k und $\mathbf{\Phi}$ eine Konstante $C_0 > 0$ existiert, sodass:

$$\|\Delta(\mathbf{\Phi}x) - x\|_2 \leq C_0 \frac{\delta_k(x)_1}{\sqrt{k}}. \tag{2.15}$$

Die Rekonstruktionsfehlerabhängigkeit des Paars $(\Delta, \mathbf{\Phi})$ vom k-fachen Approximationsfehler $\delta_k(x)_1$ aus Gl. 2.6 impliziert hierbei die geforderte Robustheit gegenüber komprimierbaren Vektoren. Neben dem NSP kann die sogenannte Mutual Coherence eingesetzt werden, um die Eignung der Sensing-Matrix $\mathbf{\Theta}$, also der Kombination aus Sampling-Matrix $\mathbf{\Phi}$ und Dictionary $\mathbf{\Psi}$, bewerten zu können. Sie ist hierbei ein Maß für die Ähnlichkeit von $\mathbf{\Phi}$ und $\mathbf{\Psi}$ und wird bestimmt, indem die Messfunktionen von $\boldsymbol{\phi}_i$ mit den Dictionary-Atomen $\boldsymbol{\psi}_j$ korreliert werden [82, 92].

$$\mu(\mathbf{\Phi}, \mathbf{\Psi}) = \max_{i,j} \frac{|\langle \boldsymbol{\phi}_i, \boldsymbol{\psi}_j \rangle|}{\|\boldsymbol{\phi}_i\|_2, \|\boldsymbol{\psi}_j\|_2} \tag{2.16}$$

Es gilt hierbei allgemein, dass je geringer die Mutual Coherence ist, desto weniger CS-Samples werden für eine erfolgreiche Rekonstruktion benötigt. Eine generelle Aussage über die Anzahl der erforderlichen Messwerte ist jedoch schwierig, da sie von der gewählten Kombination aus Sampling-Matrix und Dictionary sowie der Signal Sparsity abhängen.

Mittels der Matrix Coherence kann für eine Sampling-Matrix $\mathbf{\Phi}$ bzw. eine fixe Sensing-Matrix $\mathbf{\Theta} = \mathbf{\Phi}\mathbf{\Psi}$, ein der Mutual Coherence ähnliches Maß bestimmt werden. Ihr Grenzwert $\mu_{min}(\mathbf{\Theta})$ wird auch als Welch Bound bezeichnet.

$$\tilde{\mu}(\mathbf{\Theta}) = \max_{i<j} \frac{|\langle \boldsymbol{\theta}_i, \boldsymbol{\theta}_j \rangle|}{\|\boldsymbol{\theta}_i\|_2, \|\boldsymbol{\theta}_j\|_2} \quad \text{mit} \quad \tilde{\mu}_{min}(\mathbf{\Theta}) = \sqrt{\frac{N-M}{M(N-1)}} \tag{2.17}$$

Abbildung 2.16 zeigt für ein Signal mit $N = 100$ Samples die Pareto-Front der CS-Samples M in Abhängigkeit der Sparsity k [91].

2.2 Compressed Sensing

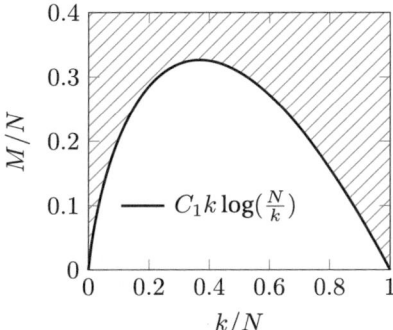

Abb. 2.16 Abhängigkeit der Messungen M von der Sparsity k. Der schraffierte Bereich stellt die validen k, M-Kombinationen dar. C_1 ergibt sich für eine Matrix mit $2k$-RIP zu 0.28 [90] (Erläuterung hierzu im folgenden Abschnitt)

Robustheit gegenüber Rauschen Die im vorigen Abschnitt betrachteten Rekonstruktionsgarantien unterliegen der Einschränkung, dass sie nur für nicht verrauschte Signale gelten. Für die Berücksichtigung von Rauschen müssen restriktivere Anforderungen an das Messsystem gestellt werden, zu denen das sogenannte Restricted Isometry Property (RIP) gehört [90]. Das RIP misst die Orthogonalität von k Spalten der Matrix $\mathbf{\Phi}$. Da $\mathbf{\Phi}$ jedoch keine quadratische Matrix ist, kann sie nicht in Gänze eine Orthonormalbasis darstellen. Für $\mathbf{\Phi}$ gilt das RIP der Ordnung k, falls für alle $x \in \mathbb{R}^N$ eine Isometriekonstante $\delta_k \in (0, 1)$ existiert, sodass:

$$(1 - \delta_k)\|x\|_2^2 \leq \|\mathbf{\Phi} x\|_2^2 \leq (1 + \delta_k)\|x\|_2^2, \ \forall x \in \Sigma_k. \qquad (2.18)$$

Wenn $\mathbf{\Phi}$ das $2k$-RIP mit $\delta_{2k} < \sqrt{2} - 1$ erfüllt, so ist garantiert, dass die paarweisen Distanzen k-sparser Vektoren in $x_1, x_2 \in \mathbb{R}^N$ ebenfalls in $\mathbb{R}^M$ bestehen:

$$(1 - \delta_{2k})\|x_1 - x_2\|_2^2 \leq \|\mathbf{\Phi} x_1 - \mathbf{\Phi} x_2\|_2^2 \leq (1 + \delta_{2k})\|x_1 - x_2\|_2^2. \qquad (2.19)$$

Gleichung 2.15 kann für den verrauschten Fall wie folgt erweitert werden [90]:

$$\|\hat{x} - x\|_2 \leq C_2 \epsilon + C_3 \frac{\sigma_k(x)_1}{\sqrt{k}}, \ \forall x \in \mathbb{R}^N. \qquad (2.20)$$

Eine Monte-Carlo (MC) Auswertung des OMP-Rekonstruktionsfehlers ist in Abhängigkeit der Signal-To-Noise Ratio (SNR) sowie der relativen CS-Sampleanzahl M/N für zwei verschiedene Sensing-Matrizen in Abb. 2.17 dargestellt.

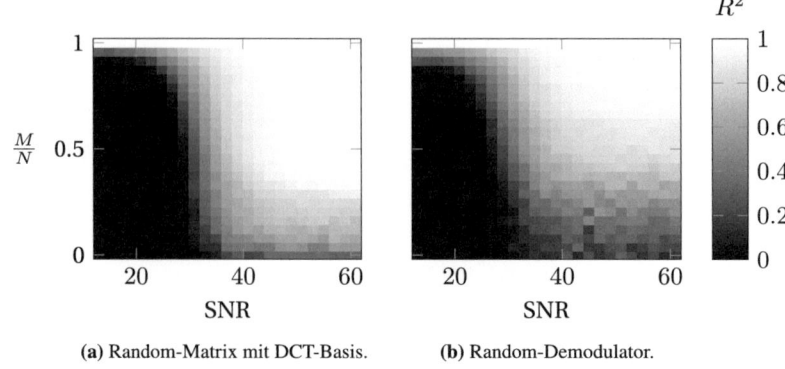

(a) Random-Matrix mit DCT-Basis.   (b) Random-Demodulator.

Abb. 2.17 Empirischer Rekonstruktionsfehler für verschiedene Messsysteme

Gute Rekonstruktionen mit einem hohen Bestimmtheitsmaß $R^2 \approx 1$ sind hierbei in weiß dargestellt. Mit zunehmender Schattierung wird eine Verschlechterung des R^2 bzw. der Rekonstruktion visualisiert. So zeigen die Ergebnisse, dass bei hohen Signal-to-Noise Ratios auch mit ungünstigen M/N-Verhältnissen noch gute Rekonstruktionsergebnisse erzielt werden können. Insbesondere in der DCT-Basis kann das Beispielsignal über einen weiten SNR-Bereich mit vergleichsweise wenigen CS-Samples rekonstruiert werden. Erwartungsgemäß ist unter Verwendung eines Random-Demodulators, aufgrund der schlechten Coherence des Messsystems, eine gute Rekonstruktion nur mit ausreichend vielen Messungen und hoher SNR möglich.

Auslegung von Mess-Matrizen Kernherausforderung bei der Auslegung eines endlich-dimensionalen Compressed Sensing Systems stellt das Design der Sampling- bzw. Sensing-Matrix dar [93]. Dies hängt maßgeblich mit dem zu führenden Nachweis zusammen, dass die gewählte Matrix die im vorigen Abschnitt eingeführten Anforderungen Spark, NSP und RIP erfüllt und damit eine Rekonstruktion des komprimierten Signals – auch unter ungünstigen Bedingungen – garantiert werden kann. Denn für eine arbiträre CS-Matrix ist, abhängig von der Dimensionalität N des k-sparsen Vektors, die Auswertung von $\binom{N}{k}$ Sub-Matrizen notwendig, was entweder sehr rechenintensiv oder schlicht nicht realisierbar ist [90]. Vergleichsweise einfach hingegeben ist die Berechnung der Matrix- bzw. Mutual Coherence, die jedoch nur eine grobe Abschätzung der Leistungsfähigkeit des gewählten Messsystems erlaubt.

2.2 Compressed Sensing

Ein signifikanter Teil der Compressed Sensing Forschung beschäftigt sich intensiv mit Lösungen für die genannten Probleme, weshalb in den letzten Jahren unterschiedliche Ansätze für die Generierung geeigneter Messsysteme entstanden sind.

Hierzu gehörten etwa die von [94] vorgeschlagenen optimierten CS-Matrizen, die durch lernende Algorithmen optimal auf das jeweilige Problem angepasst wurden. In [95–97] wurde der Einsatz von Strukturmatrizen, wie etwa Toeplitz-Matrizen, vorgeschlagen, deren Vorteil in der einfachen wiederholbaren Generierung sowie in einem effizienten Handling liegt.

Darüber hinaus wurden in [98] deterministische Matrizen als Lösungsansatz präsentiert, die zwar nur selten die RIP-Anforderung erfüllen, aber abhängig von (Δ, Φ) dennoch gute Rekonstruktionsergebnisse lieferten. So konnte durch [99] für deterministische Vandermond-Matrizen gezeigt werden, dass die Anzahl der notwendigen Messungen M quadratisch mit der Signal-Sparsity k zusammenhängt und damit ein klarer Grenzwert existiert. Eine praktische Anwendbarkeit ist jedoch nur bedingt gegeben, da mit abnehmender Sparsity die Anzahl notwendiger Messungen schnell steigt. Durch die in [100] vorgestellten Arbeiten wurde zwar eine Optimierung der Form $M \gtrsim k^{2-\alpha}$ erzielt, jedoch ist α typischerweise sehr klein und der Zusammenhang immer noch ungünstig.

Bereits in frühen theoretischen Grundlagenarbeiten zu Compressed Sensing konnte gezeigt werden, dass Zufallsmatrizen gute Messsysteme darstellen, die das RIP als Anforderung erfüllen [65]. Aufgrund ihrer vorteilhaften Eigenschaften kommen sie deshalb, wie bereits im Abschnitt Ideales Messsystem angemerkt, auch in dieser Arbeit zum Einsatz.

Das Johnson-Lindenstrauss-Lemma Das Johnson-Lindenstrauss-Lemma (JLL) wird bereits in zahlreichen Bereichen der digitalen Signalverarbeitung, des maschinellen Lernens und der Dimensionsreduktion angewendet und hat zudem an Bedeutung im Forschungsfeld des Compressed Sensing gewonnen [90]. So wird bereits kurz nach den ersten grundlegenden Arbeiten zu Compressed Sensing auf die Parallelen zwischen dem Restricted-Isometry-Property und dem Johnson-Lindenstrauss-Lemma sowie den daraus resultierenden Implikationen für die Konstruktion von Messmatrizen eingegangen [101, 102]. Kernaussage ist hierbei, dass Matrizen, welche das Johnson-Lindenstrauss-Property erfüllen, auch das RIP erfüllen und selbst unter Rauscheinflüssen eine eindeutige Zuordnung des komprimierten Vektors zum Originalsignal garantieren. Darüber hinaus besagt das JLL, dass Kompressions- oder Sensing-Matrizen, die das Johnson-Lindenstrauss-Property erfüllen, die relativen Distanzen einer Punktwolke bei der Projektion $\mathbb{R}^N \rightarrow \mathbb{R}^M$ annähernd erhalten.

Für den in dieser Arbeit verfolgten dualen Einsatz von Compressed-Sensing als Kompressions- und Merkmalsextraktionsverfahren stellt dies eine Schlüsseleigenschaft dar. Denn durch die gezielte Auswahl bzw. Konstruktion des Messsystems kann sichergestellt werden, dass diejenigen Charakteristika, die die Signale im Zeitbereich separieren ebenfalls in den komprimierten Daten vorhanden sind und somit die Anwendung von Diagnose- und Prognoseverfahren auf komprimiert gesampelten Messdaten ermöglichen.

Für tiefer gehende mathematische Betrachtungen über die Verbindung zwischen dem Johnson-Lindenstrauss-Lemma und Compressed Sensing sei an dieser Stelle auf [81, 103] und [104] verwiesen.

2.3 Formulierung des prognostischen Ansatzes

Als prognostischer Ansatz wird im Allgemeinen die explizierte Formulierung und Definition der Verarbeitungskette von der Datenerfassung bis hin zur Restlebensdauerschätzung verstanden.

Das „klassische" Vorgehen impliziert hierbei zunächst, wie in Abb. 2.18 im oberen Pfad des Flussdiagramms dargestellt, ein Nyquist-Sampling relevanter Signale mit einer geeigneten Monitoring-Technologie. Anschließend erfolgt eine Vorverarbeitung der Daten, bevor schlussendlich anhand geeigneter Merkmale bzw. eines Modells die im Analogsignal enthaltenen Verschleißinformationen und/oder Fehler anhand des Health-Index zugänglich gemacht werden können. Der Health-Index stellt eine Quantifizierung des vorhandenen Schadens und schlussendlich die Grundlage für eine Restlebensdauerschätzung dar.

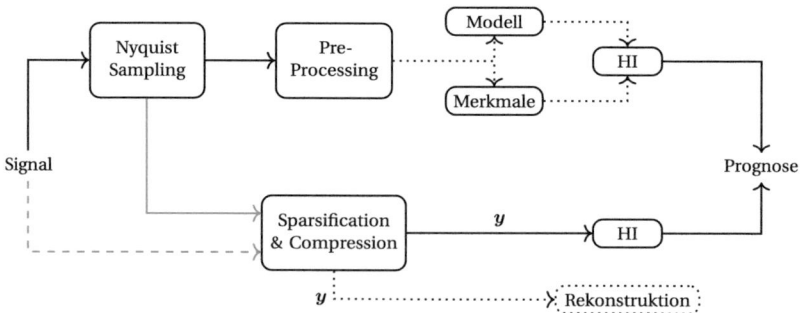

Abb. 2.18 „Klassische" Merkmalsverarbeitung oben und CS-basierter Ansatz unten. Der gestrichelte Pfad zeigt den Signalfluss unter Verwendung einer Hardware AIC-Lösung, wie z. B. einem Random-Demodulator

2.3 Formulierung des prognostischen Ansatzes

Im unteren Flussdiagramm-Pfad ist die Datenverarbeitungskette dargestellt, wie sie in der vorliegenden Arbeit zum Einsatz kommt. Der Spulenstrom stellt die relevante Messgröße dar, welche unter Verwendung des in den vorigen Unterkapiteln vorgestellten endlichdimensionalen Compressed Sensing Modells komprimiert wird. Hierbei kann jeder komprimierte CS-Koeffizient als Sensor interpretiert werden, dessen Ausgangssignal sich abhängig vom Verschleißzustand des Aktors verändert. Abbildung 2.19 veranschaulicht dieses Prinzip anhand der prozentualen Änderung der CS-Koeffizienten über die Lebensdauer hinweg. Grau sind hierbei die Koeffizienten des komprimierten Stromverlaufs eines Aktors im Normalzustand sowie schwarz die eines defekten Aktors jeweils bezogen auf den Neuzustand dargestellt. Nahezu jeder Koeffizient unterliegt einer mehr oder weniger ausgeprägten Änderung, welche mittels der im folgenden Kapitel beschriebenen Datenfusionsmethoden auf einen Health-Index abgebildet werden kann. Über eine Modellierung der zugrundeliegenden Verschleißvorgänge, wie sie im übernächsten Kapitel betrachtet sind, können Parameter generiert und für eine Schätzung der verbleibenden Restlebensdauer verwendet werden. Diese Ausführungen sind Gegenstand des letzten Kapitels.

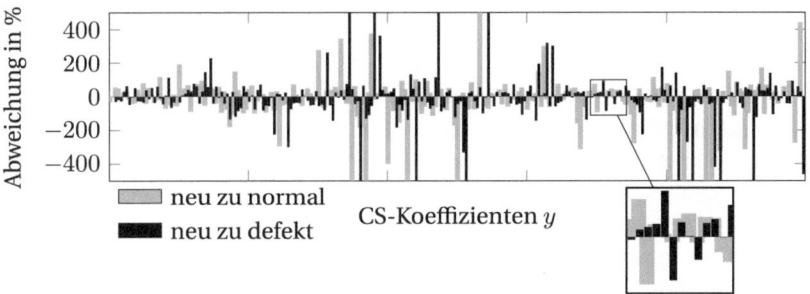

Abb. 2.19 Prozentuale Abweichung der CS-Koeffizienten eines normalen bzw. defekten Aktors im Vergleich zu dessen Neuzustand

Auf die in Abb. 2.18 gestrichelt dargestellte Rekonstruktion soll in dieser Arbeit allerdings explizit verzichtet und nur der komprimierte Datensatz betrachtet werden. Im Hinblick auf den Einsatz von CS in einem Diagnosesystem kann eine Rekonstruktion des Originalsignals dennoch von Vorteil sein. Zum Beispiel, wenn Fehler oder Verschleiß im komprimierten Merkmalsraum erkannt wurde und eine zusätzliche visuelle Verifikation im Zeitbereich erfolgen soll [77].

An dieser Stelle sei darauf hingewiesen, dass durch die Anwendung von Compressed Sensing keine „magische" Anreicherung von Information in den niederdimensionalen CS-Vektoren zu erwarten ist, sondern dass im Vergleich mit einem klassischen Sampling-Ansatz lediglich eine vergleichbare Performance bei gleichzeitig niedrigerem algorithmischen Aufwand besteht [71]. Dieser Vorteil wird allerdings bei mehreren der zu Beginn von Abschnitt 2.2 betrachteten Forschungsansätze dadurch relativiert, dass eine Merkmalsextraktion auf Basis rekonstruierter Messdaten durchgeführt wird. Dieses Vorgehen induziert nicht nur zusätzliche Fehlerquellen, sondern entspricht lediglich einer Umverteilung von Rechenzeit, die durch eine unmittelbare Verwendung der CS-Koeffizienten für die Verschleißquantifizierung umgangen werden kann.

2.4 Zusammenfassung

Zu Beginn des Kapitels wird zunächst der in dieser Arbeit betrachtete translatorische elektromagnetische Aktor vorgestellt. Neben Aufbau und Funktion wird der dominante Verschleißmechanismus diskutiert und in Zusammenhang mit dem zu erwartenden Fehlerbild gebracht. Hierauf aufbauend erfolgt die Betrachtung eines modellbasierten Diagnoseansatzes sowie die Diskussion der existenten Vor- und Nachteile im Vergleich zum hier verfolgten datenbasierten Ansatz. Im Literaturüberblick wird anschließend die Entwicklungsgeschichte von Compressed Sensing sowie dessen Verortung im Condition-Monitoring Kontext beleuchtet. Darüber hinaus erfolgt die Aufarbeitung der notwendigen theoretischen Grundlagen und Konzepte, wobei insbesondere auf die Anforderungen an das Messsystem sowie die sich ergebenden Implikationen für den vorgeschlagenen Einsatzzweck von Compressed Sensing als Kompressions- und Merkmalsextraktionsverfahren eingegangen wird. Die Formulierung des prognostischen Ansatzes, der nochmals die grundlegende Idee zusammenfasst und damit die Ausgangsbasis für alle folgenden Betrachtungen darstellt, bildet den Abschluss des Kapitels.

In Bezug auf die in Abschn. 1.3 Motivation und Fragestellungen formulierten Grundfragestellungen kann Punkt 1 *„Ist das gewählte AIC-Verfahren auf das vorliegende Problem anwendbar?"* anhand der theoretischen Betrachtungen zunächst positiv beantwortet werden.

Fusionierung komprimierter Messdaten in einen Health-Index 3

Im folgenden Kapitel, dessen Inhalt maßgeblich auf den eigenen Arbeiten [58] und [59] aufbaut, erfolgt zunächst eine Beschreibung der generierten Messdaten sowie eine Analyse der Datenstruktur im CS Messraum. Anschließend wird die Fusionierung der komprimierten Messdaten in einen für prognostische Zwecke geeigneten Health-Index anhand zweier Ansätze betrachtet.

3.1 Beschreibung der Lebensdauerdatensätze

Die in Kapitel 2 beschriebenen lebensdauerabhängigen Änderungen der CS Koeffizienten müssen mittels geeigneter Methoden in einen die Alterung quantifizierenden Health-Index fusioniert werden. Im Gegensatz zu beispielsweise einem Vibrationssignal, besitzen komprimiert gesampelte Messdaten jedoch keinen direkten physikalischen Bezug, was eine einfache und intuitive Definition von Grenzwerten und Referenzzuständen erschwert. Um dennoch eine Bewertung des Systemzustands umsetzen zu können, bedarf es gelabelter Datensätze, welche das relevante Alterungsgeschehen abbilden. Diese Daten können in beschleunigten Lebensdauerversuchen durch künstliche Alterung neuer Aktoren generiert werden. Grundlegende Eigenschaften des in dieser Arbeit betrachtete Aktors erweisen sich in diesem Zusammenhang als vorteilhaft: (a) der physikalische Degradationsprozess in Form

---

Ergänzende Information Die elektronische Version dieses Kapitels enthält Zusatzmaterial, auf das über folgenden Link zugegriffen werden kann https://doi.org/10.1007/978-3-658-50003-0_3.

von Verschleiß ist bekannt, (b) eine geeignete Monitoringtechnologie via Strommessung existiert, (c) die Schaltzeit ist als Ground-Truth einfach aus den Messdaten extrahierbar und (d) der Ground-Truth Grenzwert ist bereits in einer SI-Einheit spezifiziert.

Die Generierung einer künstlichen Datenbasis anhand simulierter Stromverläufe wird in dieser Arbeit explizit nicht betrachtet. Der Hintergrund ist, dass die Parameter des Aktorreibmodells, wie in [64] gezeigt wurde, nicht eindeutig identifizierbar sind, was eine mittels Parametervariation durchgeführte gezielte Fehlerinduktion in simulierte Stromverläufe problematisch macht.

3.1.1 Messdatengenerierung

Für die Generierung der in diese Arbeit verwendeten Lebensdauerdaten wurden über mehrere Monate hinweg zehn fabrikneue Aktoren einem künstlichen Alterungsprozess unterzogen. Die Aufzeichnung und Generierung der Mess- und Steuersignale erfolgte hierbei mittels eines dSpace® DS1104 Rapid-Prototyping-Systems. Der für die Elektromagnete notwendige Strom wurde durch eine eigens entwickelte Leistungs- und Sensorelektronik zur Verfügung gestellt, die eine gleichzeitige Ansteuerung von insgesamt zehn Aktoren ermöglichte. Die Messung des Spulenstroms erfolgte differentiell mit je einem Shunt-Widerstand pro Magnetspule. Ein vernachlässigbares Einbrechen der Versorgungsspannung im Schaltmoment sowie eine zentrale Messung der angelegten Versorgungsspannung wurde über ein geregeltes Leistungsnetzteil erreicht. Die permanent anliegende Spulenspannung wurde mit einer Frequenz von $f_S = 1\,\text{Hz}$ bei einem Duty-Cycle von 40 % geschaltet und so ein mit Abb. 2.2 vergleichbarer Schaltzyklus realisiert.

Die Analogsignale Spulenstrom und Spannung wurden bei jedem 100. Schaltzyklus durch das dSpace-System aufgezeichnet, was einerseits die auflaufenden Datenmengen begrenzt und aber gleichzeitig eine akzeptable Auflösung über die Lebensdauer hinweg ermöglicht. Zu jedem Monitoring-Zeitpunkt t_i und jedem Messkanal $d = [1\ldots 10]$ wurde auf diese Weise je ein Datenobjekt O_i^d generiert, das die in Tab. 3.1 aufgeführten Variablen enthält. Unter Verwendung des gemessenen Stroms erfolgt eine algorithmische Bestimmung der Schaltzeit τ, die jedem Datenobjekt als CALC-Parameter hinzugefügt wird.

3.1 Beschreibung der Lebensdauerdatensätze

Tab. 3.1 Parameter der Datenobjekte: IN – Eingangssignal, OUT – Ausgangssignal, BK – Book-Keeping, CALC – berechneter Parameter, CFG – Konfiguration

Typ	Signal		f_S/Hz	Bemerkung
OUT	Steuersignal	$U \in \mathbb{R}^{1 \times 5000}$	5000	–
IN	Spannung	$u_c \in \mathbb{R}^{1 \times 5000}$	5000	–
IN	Strom	$i_c \in \mathbb{R}^{1 \times 5000}$	5000	–
IN	Zeitstempel	$t_s \in \mathbb{R}^{1 \times 5000}$	5000	–
IN	Raumtemperatur	$\vartheta_R \in \mathbb{R}^{1 \times 5}$	5	$\varnothing$ über 200ms
IN	Spulentemperatur	$\vartheta_S \in \mathbb{R}^{1 \times 5}$	5	$\varnothing$ über 200ms
BK	Zyklenzähler	z	1	$z = 1 \ldots Z$
BK	Kanalindex	d	1	$j = 1 \ldots 10$
CALC	Schaltzeit	τ	–	–
CALC	Lebensdauerende	$z(\tau > \tau_{EOL})$	–	–
CFG	Schaltfrequenz	f_S	–	1 Hz
CFG	Duty-Cycle	–	–	40 % (400ms)

3.1.2 Analyse der Daten im Zeitbereich

Zu Beginn des Lebensdauerzyklus sollte ein neuer Aktor eine spezifizierte Schaltzeit von $\tau_{spec} \approx 55$ ms bei einer spezifizierten Lebensdauer von $Z_{spec} = 5$ Mio. Schaltzyklen erreichen. Über die Dauer des Lebensdauertests hinweg absolvierten die Prüflinge ca. $Z = 13.2$ Mio. Betriebszyklen, wobei alle Aktoren bei Testabbruch nur noch eine eingeschränkte Funktionsfähigkeit mit sehr hohe Schaltzeiten im Bereich > 100 ms aufwiesen. Der betriebszyklenabhängige Schaltzeitverlauf $\boldsymbol{\tau}^d = [\tau_1^d \ldots \tau_Z^d]$ wird in den Abbildungen 3.1 und 3.2 für alle Aktoren visualisiert und mit den spezifizierten Schaltzeit- und Lebensdauergrenzwerten von $\tau_{EOL} \approx 75$ ms bzw. $Z = 13.2$ Mio. Schaltzyklen ins Verhältnis gesetzt. Die Grenzwerte sind als horizontale durchgezogenen bzw. vertikale gestrichelte Linie dargestellt.

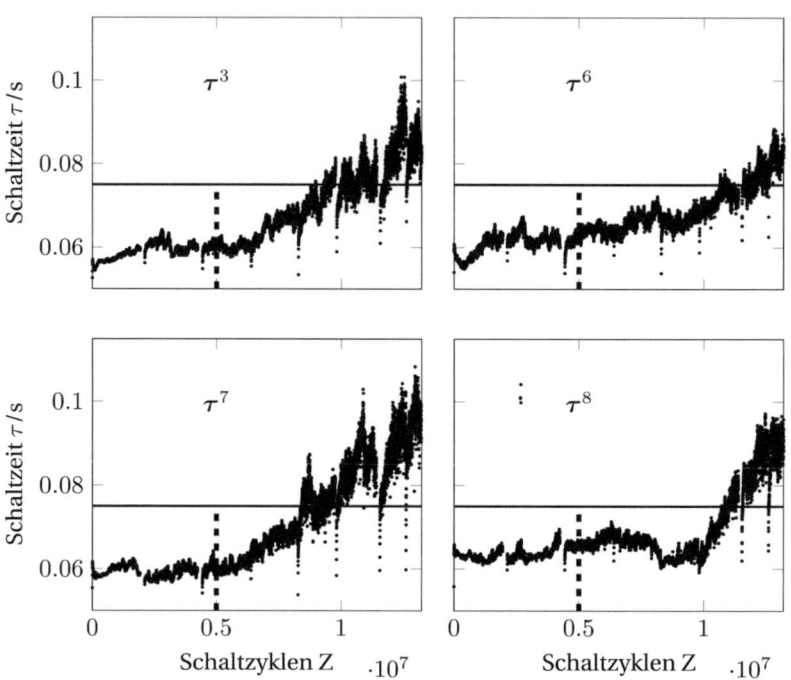

Abb. 3.1 Schaltzeitverlauf τ mit Darstellung der spezifizierte Grenzwerte für Betriebszyklen (- -) und Zykluszeit (–) der Aktoren 3, 6, 7 und 8

3.1 Beschreibung der Lebensdauerdatensätze

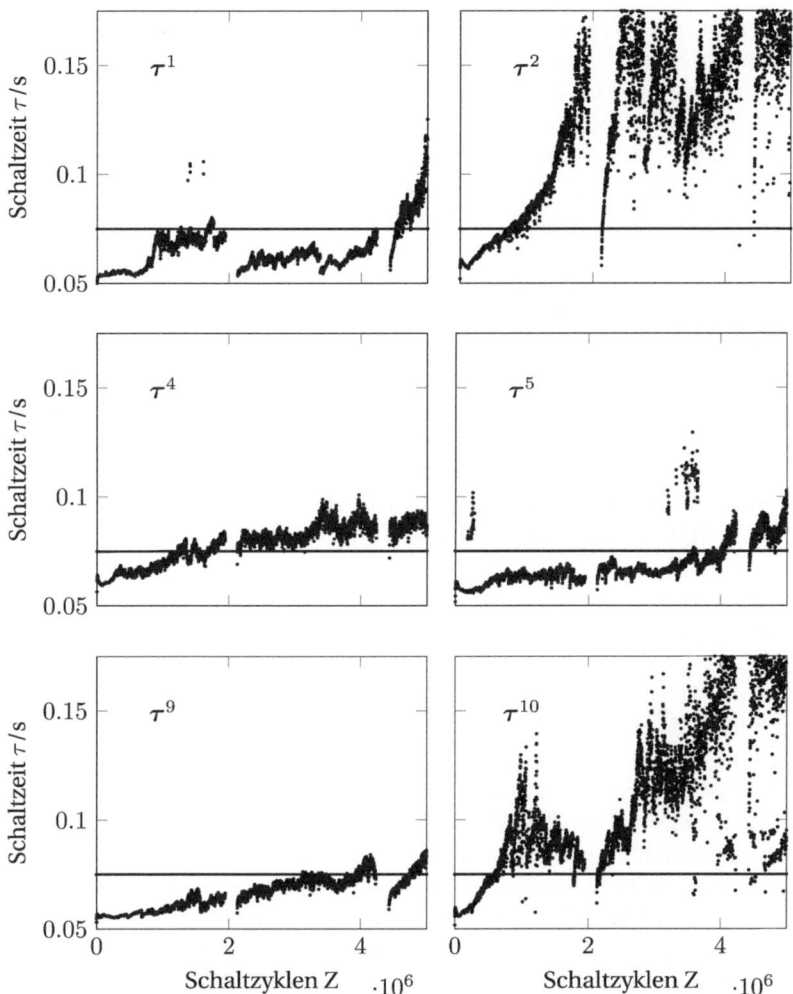

Abb. 3.2 Schaltzeitverlauf τ mit Darstellung der spezifizierte Grenzwerte für Betriebszyklen (- -) und Zykluszeit (–) der Aktoren 1, 2, 4, 5, 9 und 10

Erwartungsgemäß weisen alle Prüflinge mit zunehmender Lebensdauer einen Anstieg der Schaltzeit auf. Die Prüflinge 3, 6, 7 und 8 aus Abb. 3.1 erreichen den Schaltzeitgrenzwert jedoch erst bei 8–11 Mio. Betriebszyklen und übertreffen damit deutlich die geforderte Lebensdauer. Für die Aktoren 1, 2, 4, 5, 9 und 10, deren Schaltzeitverläufe den Grenzwert innerhalb der spezifizierten Lebensdauer überschritten haben, wurde auf die Betrachtung des gesamten Lebensdauertests bis ca. 13 Mio. Zyklen verzichtet und lediglich der Bereich bis 5 Mio. Schaltspiele dargestellt.

Eine initiale Verbesserung der Schaltzeit zu Anfang der Lebensdauer, wie sie z. B. bei Aktor 2, 6, 5 und 10 erkennbar ist, kann mit Einlaufvorgängen erklärt werden, die für eine phasenweise geringe Reibung und damit schnellere Schaltvorgänge sorgen. Intermittierend auftretend schnellere Schaltzeiten resultieren aus abrupten Veränderungen in der tribologischen Paarung Anker/Lager, die vor allem bei stark gealterten Aktoren beobachtet werden können. Als Hauptursache für diese temporären Erholungseffekte wird aus dem Lager herausgearbeiteter Abrieb sowie eine damit einhergehende Reibungsreduktion gesehen. Im Wesentlichen weisen die Alterungsverläufe zwei Charakteristiken auf:

1. langsames und gleichmäßiges Ansteigen der Schaltzeit – Aktoren 4, 5 und 9,
2. schneller bzw. abrupter Anstieg – Aktoren 1, 2 sowie Aktor 10.

Die in den Schaltzeitverläufen auftretenden Lücken wurden durch Probleme mit dem Prüfstand verursacht. Hier kam es entweder zum Ausfall der Datenaufzeichnung oder zu einem Stillstand der Aktoren. Ein phasenweiser Aktorstillstand – welcher mit einer Abkühlung der Spule auf Umgebungstemperatur einhergeht – ist vor allem an einem deutlichen Versatz im Schaltzeitverlauf erkennbar. Eine erneute Inbetriebnahme führt allerdings zu einer „Erholung" der Schaltzeitwerte, sodass von den sporadischen Unterbrechungen keine negativen Einflüsse auf den Versuch zu erwarten sind. Da die Aktoren in einer klimatisch ungeregelten, aber dennoch stabilen Umgebung gealtert wurden, sind Temperatureinflüsse zwar nicht auszuschließen, aber aufgrund der hohen Betriebstemperaturen der Aktoren von ca. 45 − 55°C weniger kritisch.

Tabelle 3.2 fasst für jeden Prüfling einige charakteristische Werte, wie etwa die Schaltzeiten zu Beginn der Lebensdauertests sowie die Betriebszyklen beim Überschreiten der Schaltzeitgrenze, das sog. End of Life (EoL), zusammen. Jene Prüflinge, welche die Lebensdauervorgaben erfüllt haben, sind entsprechend hervorgehoben (*). Sie werden Aufgrund ihres gleichmäßigen sowie ähnlichen Alterungs- und Driftverhaltens für die Konstruktion des Referenz- und Testdatensatzes verwendet, der im folgenden Abschnitt noch genauer erläutert wird.

3.1 Beschreibung der Lebensdauerdatensätze

Tab. 3.2 Initiale Schaltzeit, EOL und relative EOL der Aktoren. Die Berechnung von τ_{init} basiert auf den ersten 200 Strommessungen[1]

	Aktor 1	Aktor 2	Aktor 3*	Aktor 4
τ_{init}/ms	53.5 ± 0.4	56.6 ± 3.1	55.9 ± 0.6	58.1 ± 3.4
EOL	$1.703 \cdot 10^6$	$0.773 \cdot 10^6$	$9.380 \cdot 10^6$	$1.224 \cdot 10^6$
EOL/Z_{spec}	34.06 %	15.46 %	187.60 %	24.48 %
	Aktor 5	**Aktor 6***	**Aktor 7***	**Aktor 8***
τ_{init}/ms	58.5 ± 3.1	57.5 ± 1.7	58.3 ± 1.9	59.7 ± 3.0
EOL	$4.071 \cdot 10^6$	$10.846 \cdot 10^6$	$8.486 \cdot 10^6$	$11.043 \cdot 10^6$
EOL/Z_{spec}	81.42 %	216.92 %	169.72 %	220.86 %
	Aktor 9	**Aktor 10**		
τ_{init}/ms	58.0 ± 3.0	57.9 ± 2.7		
EOL	$3.978 \cdot 10^6$	$0.669 \cdot 10^6$		
EOL/Z_{spec}	79.56 %	13.38 %		

3.1.3 Datenstruktur im komprimierten Merkmalsraum

Für die Erfassung des Neuzustandes wurden je Prüfling zu Beginn des Lebensdauerversuchs Stromverläufe von 200 konsekutiven Monitoringzeitpunkten bzw. 20000 Betriebszyklen gemittelt. Innerhalb dieser initialen Phase ist sichergestellt, dass alle Aktoren die spezifizierte Schaltzeit von $\tau_{spec} = 55$ ms erreichen. Der Defektzustand wurde ebenfalls anhand konsekutiv aufgezeichneter und gemittelter Stromprofile bestimmt, indem Messungen kurz vor und nach dem Überschreiten des spezifizierten Grenzwertes von $\tau_{EOL} = 75$ ms betrachtet wurden. Abbildung 3.3 zeigt die Stromprofile im neuen und gealterten Zustand. Hierbei ist gut erkennbar, dass neue Aktoren, bedingt durch eine gewissen Serienstreuung, unterschiedliche Schaltzeiten und Stromverläufe aufweisen. Der Defektzustand hingegen zeigt eine über alle Prüflinge hinweg einheitliche Charakteristik mit deutlich geringerer Streuung, weshalb dessen Darstellung in Abb. 3.3 anhand eines über alle zehn Aktoren gemittelten Stromverlaufs erfolgt. Dieser im Zeitbereich erstellte Referenzdatensatz kann durch eine Kompression der Stromverläufe für die weiteren Betrachtungen im CS-Raum nutzbar gemacht werden. Die komprimierten Repräsentationen der Referenzstromprofile stellen hierbei die Reihen der Matrizen $Y^d_{neu} \in \mathbb{R}^{n_n \times M}$ und $Y_{defekt} \in \mathbb{R}^{n_d \times M}$ dar. Die Spalten der Matrizen entsprechen den M CS-Koeffizienten.

---

[1] Sofern nicht anderweitig vermerkt, entsprechen im Folgenden die angegebenen Standardabweichungen einem Sigma.

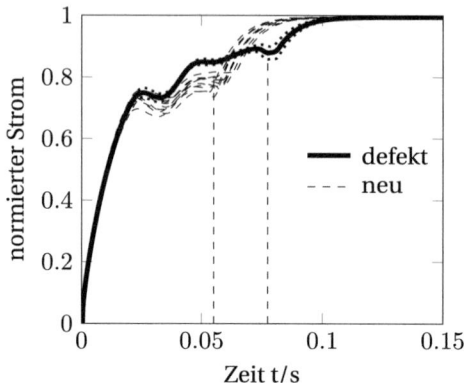

Abb. 3.3 Gemessene Stromverläufe von neuen und defekten Aktoren

Eine Vergleichbarkeit der berechneten CS-Koeffizienten wird dadurch sichergestellt, dass die für eine Kompression eingesetzte Sampling bzw. Sensing Matrix mit $\mathbb{R}^{M \times N}$, wie im Abschnitt **Auslegung von Mess-Matrizen** ausgeführt ist, konstant gehalten wird. Für jeden Prüfling ergibt sich somit eine Datenstruktur der Form $Y^d = \left[Y_{neu}^{d^T} Y_{defekt}^{d^T} \right]^T$, die insgesamt $n_n + n_d$ Messungen für die zwei Klassen – „neu" und „defekt" – enthält.

$$Y_{neu}^d = \begin{bmatrix} y_{1,1}^d & \cdots & y_{1,M}^d \\ \vdots & \ddots & \vdots \\ y_{n_n,1}^d & \cdots & y_{n_n,M}^d \end{bmatrix}, \quad Y_{defekt}^d = \begin{bmatrix} y_{1,1}^d & \cdots & y_{1,M}^d \\ \vdots & \ddots & \vdots \\ y_{n_d,1}^d & \cdots & y_{n_d,M}^d \end{bmatrix}$$

n_n – Anzahl der verwendeten Monitoringzeitpunkte im Neuzustand

n_d – Anzahl der verwendeten Monitoringzeitpunkte für den Defektzustand

Die M CS-Koeffizienten lassen sich, wie bereits in der **Formulierung des prognostischen Ansatzes** erläutert, als Sensoren oder Merkmale interpretieren, welche Informationen über Alterung und Fehler tragen. Allerdings enthalten solch multivariate Datenstrukturen häufig auch Redundanzen, die im Sinne des Informationsgewinns keinen Mehrwert bieten. Es ist deshalb gängige Praxis, mittels geeigneter Methoden lediglich „wertvolle" Merkmale für die weitere Datenverarbeitung zu selektieren [105]. Für die Datenmatrix Y^d soll deshalb abgeschätzt werden, ob und welche Vorteile sich aus einer zusätzlichen Merkmalsvorverarbeitung erge-

3.1 Beschreibung der Lebensdauerdatensätze

ben. Hierzu soll einerseits eine Dimensionsreduktion mittels einer PCA sowie eine Merkmalsselektion mittels F-Ratio zum Einsatz kommen. Bei einer PCA wird ein problemabhängiges Koordinatensystem in Richtung der größten Varianzen rotiert und damit eine Dekorrelierung der Daten erzielt. Wenn lediglich jene Principal Components (PC) für die Approximation der ursprünglichen Daten verwendet werden, die einen Großteil der Varianz im Datensatz abbilden, kann eine Dimensionsreduktion erzielt werden. In Abb. 3.4a ist für alle zehn DUTs dargestellt, wie viel Varianz jeweils durch die ersten zehn PCs erklärt wird [106, 107]. Die erste Hauptkomponente deckt hierbei bereits zwischen $\approx 44\,\%$ und $\approx 70\,\%$ der Varianz ab, die restlichen PCs $< 20\,\%$. Für den Approximationsfehler bedeutet dies, dass die Anzahl der verwendeten PCs sukzessive erhöht werden muss, um mehr Varianz im Datensatz abbilden zu können. Die kumulative Summe der Varianzen ist somit eine Funktion der verwendeten PCs und in Abb. 3.4a gestrichelt dargestellt. Abbildung 3.4b zeigt einen sog. Bi-Plot, welcher es ermöglicht, den Beitrag der einzelnen PCA-Koeffizienten zu den PCs zu analysieren. Die schwarz abgebildeten Punktwolken stellen hierbei die ersten beiden PCs der Prüflinge im Neu- und Defektzustand dar. In den Quadranten II & III sind die Samples des Neuzustandes und in den Quadranten I & IV jene des Defektzustandes verortet.

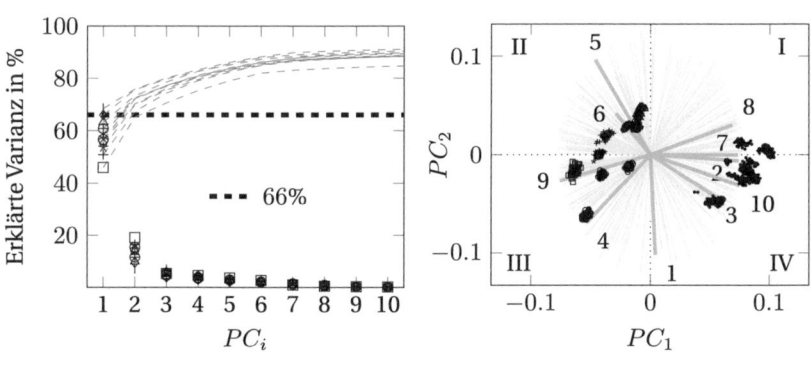

(a) Durch die PCs erklärte Varianz im Datensatz.   (b) Bi-Plot der PCs 1 und 2.

Abb. 3.4 Ergebnisse der PCA-Analyse

Die hellgrau dargestellten Vektoren geben durch Länge und Richtung an, welchen Einfluss das jeweilige Merkmal – der CS-Koeffizient – auf die erste und zweite Hauptkomponente hat. Um die Einflüsse der Koeffizientenvektoren auf die PCs besser beurteilen zu können, wurden die ersten zehn Vektoren hervorgehoben und entsprechend gelabelt. Analog zu Abb. 3.4a ist ersichtlich, dass unter Verwendung von PC_1 bereits eine gute Separierung der beiden Alterungszustände möglich ist. Dies lässt sich aus der Lage und Richtung der Vektoren zwei bis zehn ableiten, die entweder positive (2, 3, 7, 8, 10) oder negative Werte (4, 5, 6, 9) für PC_1 annehmen. Mittels einer PCA kann jedoch keine Aussage darüber getroffen werden, wie gut einzelne untransformierte Merkmale die Zustände neu und defekt im Merkmalsraum trennen.

Für diesen Einsatzzweck kann, ohne eine Projektion/Transformation der Daten vornehmen zu müssen, die sog. F-Ratio aus Gl. (3.1) verwendet werden. Sie ermöglicht eine Quantifizierung der Trennbarkeit von Klassen in Abhängigkeit der verwendeten Merkmale. Hierbei wird die Varianz der Klassenmittelwerte ins Verhältnis zum Mittelwert der Klassenvarianzen gesetzt, wobei weit auseinanderliegende Klassenmittelwerte bei gleichzeitig geringen Klassenvarianzen eine gute Trennbarkeit indizieren. Im vorliegenden Anwendungsfall kann so für jeden CS-Koeffizienten ein Maß, welches die Trennbarkeit bzgl. der Neu- und Defektzustände angibt, berechnet werde.

$$f = \frac{\frac{1}{K-1} \sum_{k=1}^{K} \left(\bar{y}_j - \frac{1}{K} \sum_{j=1}^{K} \bar{y}_j \right)^2}{\frac{1}{K} \sum_{j=1}^{K} \left(\frac{1}{L_j - 1} \sum_{i=1}^{L_j} (y_{ij} - \bar{y}_j)^2 \right)} \tag{3.1}$$

mit K — Anzahl der Klassen (hier K = 2, neu und defekt)

$\bar{y}_j$ — Mittelwert der jeweiligen Klasse

L_j — Anzahl der Samples in der Klasse j

y_{ij} — i-tes Sample der Klasse j

Für die Datenstruktur Y^d sind alle berechneten und normierten F-Ratios in Abb. 3.5a dargestellt. Analog zum Ergebnis der PCA zeigt sich auch hier, dass einige wenige CS-Koeffizienten die betrachteten Klassen besonders gut trennen.

Allerdings fallen die sortierten F-Ratios im Vergleich mit der prozentual erklärten Varianz aus Abb. 3.4a weniger schnell ab, was ein Indikator dafür ist, dass viele CS-Koeffizienten bereits im nicht transformierten Zustand eine gute Trennbarkeit der Neu- und Defektzustände ermöglichen. Abbildung 3.5b zeigt jene Referenzzustände für defekte und neue Aktoren, die sich basierend auf den CS-Koeffizienten (y_1, y_2) mit maximalen F-Ratios ergeben. Der hierbei existente Abstand impliziert, dass

3.1 Beschreibung der Lebensdauerdatensätze

zwischen den verschiedenen Alterungsstufen bzw. mit zunehmendem Verschleiß eine gerichtete Bewegung der CS-Koeffizienten stattfinden muss, was einer Drift der M-dimensionalen „Merkmalswolke" vom Neu- zum Defektzustand entspricht.

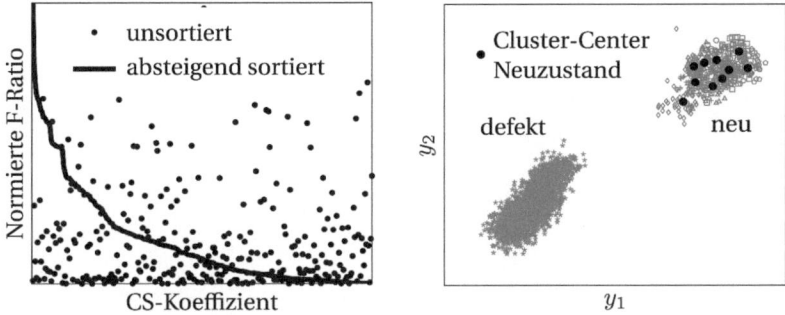

(a) Sortierte und unsortierte normierte F-Ratio des Zweiklassenproblems.   (b) Darstellung der Klassen neu/defekt anhand der trennungswirksamsten Merkmale.

Abb. 3.5 Ergebnisse der F-Ratio-Analyse

Einzelne Datenpunkte lassen sich ohne ein Labeling nicht mehr ohne Weiteres den jeweiligen Aktoren zuordnen, weshalb hier zur besseren Veranschaulichung die Cluster-Schwerpunkte der jeweiligen Neuzustände eingezeichnet sind. Es ist gut erkennbar, wie sich für die jeweiligen Schwerpunkte unterschiedliche Abstände zum Referenzzustand „defekt" ergeben, die jedoch abhängig von den zur Darstellung gewählten CS-Koeffizienten $(y_i, y_j), i \neq j$ sind.

Für diagnostisch/prognostische Zwecke bedeutet dies, dass über die Lage der Cluster, hier im Zweidimensionalen, noch keine generelle Aussagen darüber getroffen werden kann, ob Aktoren mit geringerem Abstand auch schlechtere Schaltzeiten bzw. höheren Verschleiß aufweisen. Allerdings kann die Hypothese aufgestellt werden, dass die in vielen CS-Koeffizienten vorliegende gute Trennbarkeit der Referenzzustände auch eine gerichtete Bewegung im Merkmalsraum zur Folge hat, welche zur Konstruktion eines Health-Index herangezogen werden kann.

Grundsätzlich können Merkmalsdrifte auf unterschiedlichste Art und Weise vonstatten gehen. In Abb. 3.6 ist schematisch dargestellt, wie sich Merkmale mit zunehmendem Verschleiß durch einen zweidimensionalen Merkmalsraum bewegen können. Hierbei sind maßgeblich vier Szenarien unterscheidbar: (a) es existieren allgemein gültige Referenzen für den Neu- und Defektzustand, (b) es existiert eine gemeinsame Referenz für den Neuzustand, (c) es existiert eine gemeinsame Referenz für den Defektzustand und (d) jeder Prüfling wird individuell betrachtet.

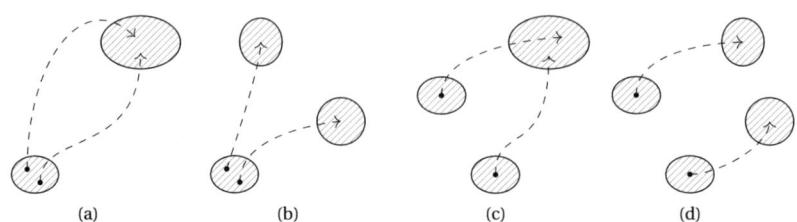

Abb. 3.6 Referenzzustände und Verschleißpfade zweier alternder Systeme

Die Analyse der Datenstruktur hat in diesem Zusammenhang gezeigt, dass abhängig von der gewählten Vorverarbeitung unterschiedliche Gruppierungen der Datenpunkte erzielt werden können. So liegt im mittels PCA transformierten Merkmalsraum eine Struktur ähnlich der aus (d) vor. Die untransformierten bzw. mittels F-Ratio vorselektierten Merkmale weisen Cluster auf, die Variante (a) entsprechen.

Für die Parametrierung der im weiteren Verlauf dieses Kapitels beschriebenen Verfahren wird jedoch ein auf Variante (c) basierender Ansatz favorisiert. Dieses Vorgehen erlaubt, wie bereits in Abb. 3.3 gezeigt, die Berücksichtigung der individuellen Neuzustände jedes einzelnen Aktors. Darüber hinaus wird die Konstruktion einer generellen Referenz für den Defektzustand anhand der Lebensdauerdaten ermöglicht, was am Ende dieses Abschnitts noch genauer erläutert werden wird. Wie die Umsetzung der Strategie aus (c) im zweidimensionalen Merkmalsraum und unter Verwendung der trennungswirksamsten CS-Koeffizienten aussieht, wird im Folgenden betrachtet. Abbildung 3.7 zeigt die Alterungsverläufe der Aktoren 3, 6, 7 und 8, deren Schaltzeitverläufe bis zum Abbruch des Lebensdauerversuchs in Abb. 3.1 dargestellt sind. Analog zu Abb. 3.5b ist der Referenzzustand für das Lebensdauerende bei 5 Mio. Betriebszyklen, der individuelle Neuzustand jedes Prüflings sowie die jeweiligen Verschleißpfade abgebildet. Jeder Datenpunkt entspricht den beiden trennungswirksamsten CS-Koeffizienten, die auf Basis des zum Monitoring-Zeitpunkt t_i komprimierten Stromverlaufs generiert wurden. Die CS-basierten Merkmale weisen erwartungsgemäß kaum Driftverhalten auf, da alle Schaltzeiten noch weit unterhalb des Grenzwertes liegen und damit wenig Verschleiß vorliegt.

3.1 Beschreibung der Lebensdauerdatensätze

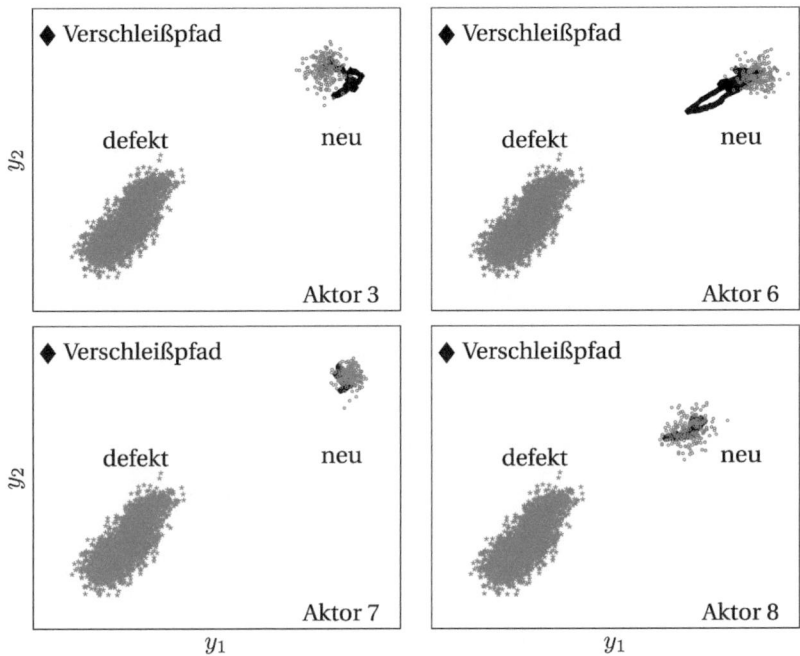

Abb. 3.7 Verschleißpfade der Aktoren

Im Vergleich hierzu sind in Abb. 3.8 die Verschleißpfade der Aktoren 1, 2, 4, 5, 9 und 10 dargestellt. Sie haben innerhalb der spezifizierten Lebensdauer den Schaltzeitgrenzwert überschritten und weisen demnach auch im Merkmalsraum ein dediziertes Driftverhalten auf. Eine genaue Betrachtung der Darstellungen zeigt, dass sich die Merkmale über die Lebensdauer hinweg zwar in einer gerichteten, jedoch nicht monotonen Bahn bewegen und Rücksetzer bzw. Richtungswechsel vollziehen. Dies wird als Indiz dafür gesehen, dass die im Ground-Truth Schaltzeit ersichtlichen Erholungseffekte im Merkmalsraum ebenfalls beobachtet werden können. In diesem Zusammenhang sei darauf hingewiesen, dass die trennungswirksamsten Merkmale nicht zwangsläufig jene mit der besten prognostischen Eignung sind, sondern lediglich für die Visualisierung vorteilhafte Eigenschaften aufweisen. Zu Beginn von Abschn. 3.2 **Merkmalsfusionierung** wird dieser Umstand nochmals aufgegriffen und konkretisiert.

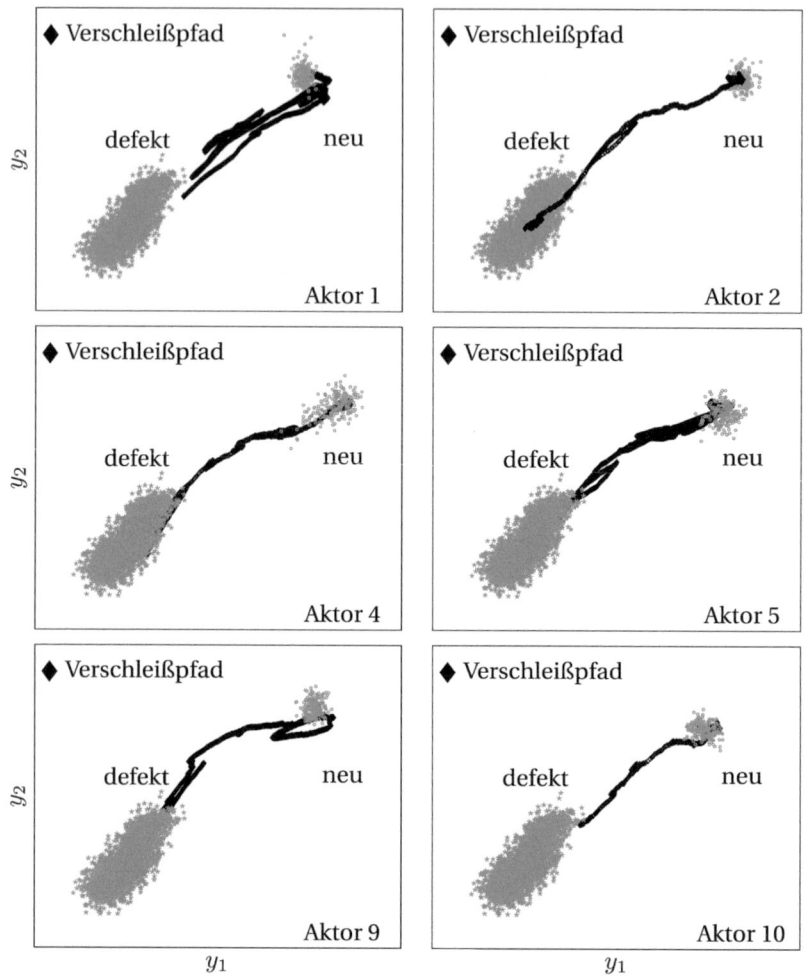

Abb. 3.8 Aktoren mit normalem Verschleißverhalten, welches durch ein Clustering der Samples nahe dem Neuzustand charakterisiert ist

Data Augmentation Wird der Merkmalsraum mittels einer PCA transformiert, ergeben sich dedizierte und scharf abgegrenzte Cluster, die prinzipiell eine direkte Identifikation und Unterscheidung der einzelnen Aktoren im Neu- und Defektzustand zulassen (vgl. hierzu Abb. 3.4b). Wird hingegen die F-Ratio-Analyse für eine

3.1 Beschreibung der Lebensdauerdatensätze

Selektion der trennungswirksamsten CS-Koeffizienten angesetzt, so ergeben sich die in Abb. 3.5b dargestellten Cluster, die ohne eine entsprechende Kennzeichnung keine eindeutige Zuordnung zu einem Testobjekt zulassen. Ein für jede Spalte von Y_{defekt} durchgeführter Kolmogorow-Smirnow-Lilliefors-Test zeigt, dass $\approx 20\%$ der untransformierten CS-Koeffizienten im Defektzustand einer Normalverteilung folgen. Die restlichen Koeffizienten weisen Abweichungen auf, welche sich jedoch maßgeblich durch die begrenzte Anzahl der zur Verfügung stehenden Referenzdaten erklären lassen. Unter der Annahme, dass sich für alle CS-Merkmale im Fehlerfall normalverteilte Cluster ergeben, kann der koeffizientenspezifische Referenzzustand anhand der Erwartungswerte μ_m sowie der jeweiligen Varianzen σ_m^2 approximiert werden. Somit ergibt sich für die CS-Koeffizienten des Defektzustandes ein Erwartungswertvektor $\boldsymbol{\mu}_{defekt} = [\mu_1 \ldots \mu_M]$ sowie ein Vektor der jeweiligen Varianzen $\boldsymbol{\sigma}_{defekt} = [\sigma_1^2 \ldots \sigma_M^2]$. Auf die Konstruktion einer multivariaten Normalverteilung $\mathcal{N}(\boldsymbol{\mu}, \boldsymbol{\Sigma})$ wird an dieser Stelle explizit verzichtet, da die hierfür notwendige Berechnung der Kovarianzmatrix, abhängig von der verfügbaren Datenmenge und von der Anzahl der CS-Koeffizienten, entweder nur näherungsweise, mit hohem Rechenaufwand oder gar nicht durchführbar wäre. Wie die vorgeschlagene Approximation im zweidimensionalen Merkmalsraum aussieht, ist unter Verwendung der Daten aus Abb. 3.5b in Abb. 3.9 exemplarisch dargestellt.

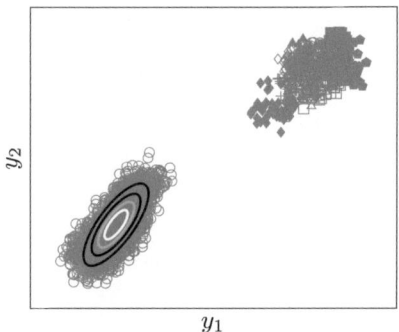

Abb. 3.9 Approximation des Defektzustandes im zweidimensionalen Merkmalsraum

Die Trainings- und Referenzdatenmatrix für den Defektzustand der Aktoren Y'_{defekt} kann so bei Bedarf, beispielsweise für die Parametrierung der HI-Algorithmen, jederzeit neu generiert werden, indem für jeden der m Koeffizienten aus $y_m = \mathcal{N}(\mu_m, \sigma_m)$ gesampelt wird. Da zudem eine beliebige Anzahl an Testsamples generiert werden kann, stehen deutlich mehr Daten zur Verfügung, als wenn lediglich die vorhandenen Realdaten verwendet würden. Um den verfolgten Approximationsansatz zu verifizieren, wurden unter Verwendung unterschiedlicher Seeds in einem Monte-Carlo-Experiment 250 Samples für jeden der m Koeffizienten generiert und somit 250 komprimierte Repräsentationen von Stromverläufen $Y' = [y'_1 \ldots y'_{250}]^T \in \mathbb{R}^{250 \times m}$ künstlich erzeugt. Mittels OMP wurde jedes Sample y'_i rekonstruiert und anschließend der Mittel- und Erwartungswert zu jedem Abtastzeitpunkt bestimmt. Abbildung 3.10 zeigt die erzielten Ergebnisse im Vergleich mit einem gemessenem Stromverlauf. Das überlagerte Rauschen wird hierbei durch den Rekonstruktionsalgorithmus sowie durch eine eventuell suboptimale Basisauswahl sowie zu geringe Koeffizientenanzahl induziert. Jedoch deutet die gute Übereinstimmung zwischen realen Messdaten und den künstlich generierten Daten darauf hin, dass die über den Merkmalsraum getroffenen Annahmen und Approximationen valide sind.

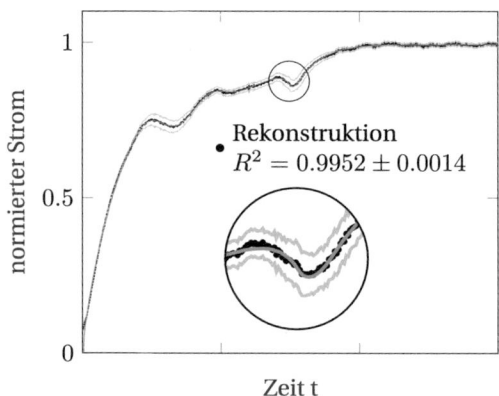

Abb. 3.10 Rekonstruktion unter Verwendung des aus der Modellannahme generierten Erwartungswertvektors μ_d. Das angegebene Bestimmtheitsmaß R^2 sowie dessen Streuung wurde hierbei anhand aller Rekonstruktionsergebnisse des Monte-Carlo-Experiments berechnet

3.2 Merkmalsfusionierung

Ziel der Merkmalsfusionierung ist es, wie eingangs bereits beschrieben, die in den einzelnen CS-Koeffizienten enthaltenen Alterungsinformationen in einem für eine Restlebensdauerschätzung geeigneten Indikator zu „konzentrieren". Methodisch soll hierbei auf ein Logistic Regression Modell sowie auf eine Distanzmetrik zurück gegriffen werden, da deren Einsatz, wie im weiteren Verlauf noch beschrieben wird, für Condition-Monitoring Zwecke bereits erfolgreich evaluiert wurde.

3.2.1 Bewertung der prognostischen Qualität

Um die prognostische Qualität der berechneten HIs bewerten zu können, wird auf die in [108] eingeführten Metriken Prognosability, Monotonicity und Trendability zurückgegriffen. Die Prognosability aus Gl. (3.2) beschreibt hierbei die Varianz eines Merkmals beim Überschreiten des festgelegten Grenzwertes, basierend auf allen Verschleißpfaden der Lebensdauerexperimente. Mittels der Trendability aus Gl. (3.4) kann die Ähnlichkeit eines Merkmals über mehrere Lebensdauerversuche hinweg bewertet werden. Die Monotonicity aus Gl. (3.3) gibt Aufschluss darüber, wie monoton sich ein Merkmal über die Lebensdauer hinweg entwickelt.

$$\text{Prognosability}: \mathcal{P} = \exp\left(-\frac{\text{std}(\boldsymbol{x}_{i,N_s})}{\text{mean}(|\boldsymbol{x}_{i,N_s} - \boldsymbol{x}_{i,1}|)}\right), \quad i = 1\ldots M_s \qquad (3.2)$$

$$\text{Monotonicity}: \mathcal{M} = \frac{1}{M_s}\sum_{i=1}^{M_s}\left|\sum_{k=1}^{N_{s_i}-1}\frac{\text{sgn}(\boldsymbol{x}_i(k+1) - \boldsymbol{x}_i(k))}{N_{s_i}-1}\right| \qquad (3.3)$$

$$\text{Trendability}: \mathcal{T} = \min_{i,j}|\text{corr}(\boldsymbol{x}_i, \boldsymbol{x}_j)|, \quad i,j = 1\ldots M_s \qquad (3.4)$$

mit M_s – Anzahl der betrachteten Systeme

N_s – Anzahl der Messungen für das jeweilige System

$\boldsymbol{x}_i$ – Messvektor des Systems i mit der Länge N_s

Die gewichtete Summe der Teilindikatoren wird als Fitness $\mathcal{F} = \omega_1\mathcal{P} + \omega_2\mathcal{M} + \omega_3\mathcal{T}$ bezeichnet und stellt schlussendlich ein Maß für die generelle Eignung eines HIs für prognostische Zwecke dar. Für einen prognostisch „guten" HI wird pro Kriterium eine Bewertung von > 0.7 empfohlen [108].

3.2.2 Fusionierung mittels Logistischer Regression

Ein erster Einsatz der Logistischen Regression in einem Condition-Monitoring Kontext wird in [109] beschrieben. Mittels fusionierten Informationen erfolgt hier die Anpassung von Wartungsintervallen an den tatsächlichen Bedarf. In [110] und [111] werden extrahierte Merkmale mittels Logistischer Regression in einen Health-Index fusioniert und damit für einen Prognosealgorithmus nutzbar gemacht. Grundsätzlich kann mittels einer Logistischen Regression ein Zusammenhang zwischen einer abhängigen dichotomen und einer unabhängigen Variablen hergestellt werden. Ausgegangen wird hierbei vom allgemeinen logistischen Regressionsmodell aus Gl. (3.5)

$$P(y) = \frac{1}{1 + e^{-g(y)}} = \frac{e^{g(y)}}{1 + e^{g(y)}}. \tag{3.5}$$

P(y) kann als Wahrscheinlichkeit interpretiert werden, dass die abhängige Variable, der HI, basierend auf den unabhängigen Variablen, den CS-Koeffizienten y, den Wert 1 annimmt. Durch die Bildung der Odds-Ratio, dem Quotienten aus Wahrscheinlichkeit und Gegenwahrscheinlichkeit sowie einer anschließenden Logarithmierung, der sog. logit-Transformation, kann das nicht-lineare Modell aus Gl. (3.5) in das lineare aus Gl. (3.6) überführt werden.

$$\operatorname{logit}(\cdot) := \ln\left(\frac{P(y)}{1 - P(y)}\right) = \beta_0 + \beta_1 y_1 + \cdots + \beta_M y_M = g(y) \tag{3.6}$$

Die Linearkombination aus unabhängigen Variablen y und Regressionsgewichten β stellt das logit-Modell dar. Unter Verwendung der in Abschn. 3.1.3 **Datenstruktur im komprimierten Merkmalsraum** beschriebenen Trainingsdaten Y^d kann die Parametrierung der Regressionsgewichte mittels eines Expectation-Maximization (EM)-Algorithmus $\beta^d \leftarrow L(\beta|Y^d)$ erfolgen. Hierfür müssen mindestens $M + 1$ Samples vorliegen, womit die Anzahl der nötigen Referenz-Samples von der Länge des CS-Vektors y und damit von der Kombination aus Sampling-Matrix und Signal-Sparsity abhängt. Abbildung 3.11a zeigt den Fit einer logistischen Funktion bei rein dichotomen Trainingsdaten, die ihrer Klassenzugehörigkeit entsprechend mit [0,1] gelabelt wurden. Im Vergleich hierzu ist in Abb. 3.11b exemplarisch dargestellt, dass im Fall der hier betrachteten Anwendung die Trainingsdaten für den Neu- und Defektzustand keine exakt dichotomen Zustände ausbilden, sondern entsprechend der Clusterlagen im Merkmalsraum gelabelt werden müssten. Der Darstellung aus Abb. 3.9 entsprechend, können die Labels im zweidimensionalen Merkmalsraum als Ellipsoide interpretiert werde, deren Wert proportional zu deren Abstand zum Cluster-Zentroid ist. Allerdings bringt diese Herangehensweise diverse Unzulänglichkeiten, wie etwa bei Berechnung von Distanzmetriken die Auslegung der Gewichtungskennlinie für das Labeling sowie die damit verbundene Segmentierung des Merkmalsraums mit sich, weshalb auf ein distanzabhängiges Labeling der Trainingsdaten zugunsten einer schlankeren Datenverarbeitung verzichtet wurde.

3.2 Merkmalsfusionierung

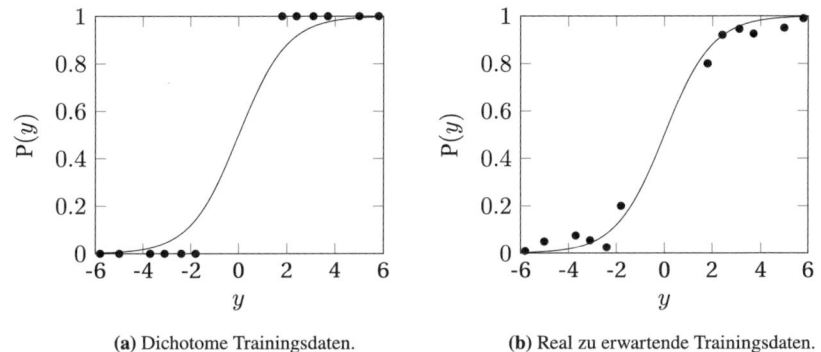

(a) Dichotome Trainingsdaten.   (b) Real zu erwartende Trainingsdaten.

Abb. 3.11 Trainingsdaten der Logistische Regression

Die Qualität der jeweiligen Fits kann bewertet werden, indem die Verteilung der Pearson-Residuen analysiert wird. Bildet das Modell die Trainingsdaten gut ab, folgen die Residuen – wie in den normalen Wahrscheinlichkeitsnetzen aus Abb. 3.12 dargestellt – einer Normalverteilung, was für alle Trainings- und Testdaten zutrifft.

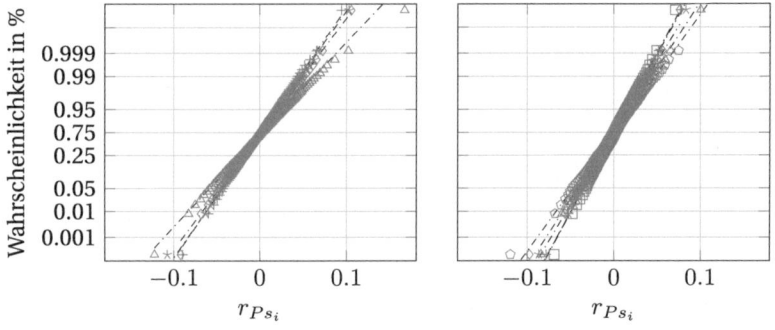

(a) Aktoren 3, 6, 7 und 8 (Trainingsdaten).   (b) Aktoren 1, 2, 4, 5, 9 und 10 (Testdaten).

Abb. 3.12 Normale Wahrscheinlichkeitsnetze der Pearson-Residuen

Der Logistic-Regression basierte Health-Index $\mathcal{L}$ des alternden Aktors d kann schlussendlich mittels der parametrierten Regressionsgewichte $\boldsymbol{\beta}^d$ zu jedem Zeitpunkt t_i gemäß Gl. (3.7) berechnet werden.

$$\mathcal{L}_{t_i}^d = \mathrm{P}(1|\mathbf{y}_{t_i}^d) = \frac{e^{g(\mathbf{y}_{t_i}^d)}}{1 + e^{g(\mathbf{y}_{t_i}^d)}} \quad \text{mit} \quad \boldsymbol{\beta}^d \leftarrow \mathrm{L}(\boldsymbol{\beta}|\mathbf{Y}^d). \tag{3.7}$$

Das Labeling der Trainingsdaten sowie die mathematischen Eigenschaften der logistischen Funktion beschränken hierbei den möglichen HI-Wertebereich, weshalb keine weitere Normierung oder Grenzwertgenerierung notwendig ist.

3.2.3 Distanzmetriken und deren Anwendbarkeit

Der Abstand eines Punktes zu einer Referenz im Merkmalsraum kann entweder für ein Labeling verwendet werden oder aber, um direkt einen dem Abstand proportionalen Health-Index zu berechnen. So wird beispielsweise in [112] die Mahalanobis-Distanzmetrik für die Diagnose und Restlebensdauerprognose elektronischer Systeme betrachtet. Obwohl die ellipsoide Form der in Abb. 3.9 dargestellten Referenzzustände die Verwendung der Mahalanobis-Metrik als geeignetes Distanzmaß auch für die vorliegende Problemstellung indiziert, soll sie hier nicht berücksichtigt werden. Diese Entscheidung ist vor allem darin begründet, dass die Berechnung der Sample-Kovarianzmatrix für hoch-dimensionale Muster sehr rechenintensiv und damit wenig praktikabel ist.

Bei der Anwendung einfacher $\mathcal{D}_\kappa$-Normen auf Muster höherer Dimensionalität ergeben sich, wie in [113] diskutiert wird, Besonderheiten, deren Berücksichtigung notwendig für die vorliegende Anwendung ist. Darüber hinaus wird in [114] gezeigt, dass Metriken der Form

$$\mathcal{D}_\kappa^M(\mathbf{x}, \mathbf{y}) = \left[\sum_{i=1}^{M} |x_i - y_i|^\kappa\right]^{\frac{1}{\kappa}} \tag{3.8}$$

mit größer werdendem κ und zunehmender Dimensionalität M immer weniger aussagekräftig werden, da sich die Abstände eines Testpunktes zum nächsten bzw. weitesten Nachbarn bereits ab $M > 10$ immer weniger unterscheiden. Das ursprünglich in [113] vorgestellte und durch [114] adaptierte Theorem lautet:

$$\text{Wenn} \lim_{M \to \infty} var\left(\frac{\|X_M\|_\kappa}{\mathbb{E}\{\|X_M\|_\kappa\}}\right) = 0 \text{ , dann } \frac{\mathcal{D}_{\kappa,max}^M - \mathcal{D}_{\kappa,min}^M}{\mathcal{D}_{\kappa,min}^M} \to_p 0 \tag{3.9}$$

wobei $\|\cdot\|_\kappa$ die Distanz $\mathcal{D}_\kappa^M$ eines Vektors zum Ursprung beschreibt und $\mathcal{D}_{\kappa,max}$ bzw. $\mathcal{D}_{\kappa,min}$ die maximale bzw. minimale Distanz darstellen.

3.2 Merkmalsfusionierung

Für hochdimensionale Daten wird aus den genannten Gründen die Verwendung der sog. Cityblock- bzw. Manhattan-Metrik $\mathcal{D}_1^M$ oder der Einsatz fraktionaler Metriken mit $\kappa < 1$ und $\kappa \sim 1/M$ empfohlen. Für $\kappa < 1$ wird jedoch die Dreiecksungleichung nicht mehr erfüllt, weshalb für alle weiteren Betrachtungen die Manhattan-Metrik aus Gl. (3.10) mit $\kappa = 1$ zum Einsatz kommen wird.

Im Sinne einer besseren Lesbarkeit wird im Weiteren auf die zusätzliche Anführung der Indizes κ und M verzichtet und analog zum Logistic-Regression Health-Index die Notation dahingehend angepasst, dass nur die Indizes für den betrachteten Aktor d sowie für den Monitoring-Zeitpunkt t_i geführt werden: $\mathcal{D}_{t_i}^d \leftarrow \mathcal{D}_{\kappa,t_i}^{M,d}$.

Die Berechnung des Distanzmetrik-basierten Health-Index $\mathcal{D}_{t_i}^d$ zum Monitoring-Zeitpunkt t_i erfolgt ausgehend vom jeweilige Neuzustand des Aktors Y_{neu}^d bzw. basierend auf dessen spaltenweisen Mittelwert $\bar{Y}_{neu}^d = [\mu_{1,neu}^d \ldots \mu_{M,neu}^d]$.

$$\mathcal{D}_{t_i}^d(\bar{Y}_{neu}^d, y_{t_i}) = \sum_{i=1}^{M}(\left|\mu_{i,neu}^d - y_i\right|) \quad (3.10)$$

Eine Normierung des berechneten HIs auf das Intervall [0, 1] kann dadurch erzielt werden, dass für jeden Prüfling die mittlere Distanz zwischen den Referenzdaten neu und defekt berechnet wird:

$$\bar{\mathcal{D}}_{ref}^d = \frac{1}{N}\sum_{i=1}^{N}\mathcal{D}(\bar{Y}_{neu}^d, Y_{i,defekt}) \quad (3.11)$$

Zu jedem Monitoring-Zeitpunkt t_i kann so mittels Gl. (3.12) die Distanzmetrik bzw. der HI normiert werden.

$$\hat{\mathcal{D}}_{t_i}^d = \frac{\mathcal{D}_{t_i}^d}{\bar{\mathcal{D}}_{ref}^d} \quad (3.12)$$

Hierbei wird das Verschleißszenario aus Abb. 3.6 (c) herangezogen, wobei als Referenzdaten für die Normierung entweder historische Daten oder Simulationen verwendet werden können. Eine Referenz basierend auf historischen Daten ist beispielsweise in Abb. 3.3 anhand der gemittelten Strommessdaten für den Defektzustand dargestellt. Sollen simulierte Daten zum Einsatz kommen, kann auf die in Abschn. 3.1.3 **Data Augmentation** Ansätze zurückgegriffen werden.

3.3 Anwendung auf gemessene Lebensdauerdaten

Die in den vorhergehenden Kapiteln betrachteten Verfahren zur Health-Index Generierung werden im Folgenden auf die gemessenen Lebensdauerdaten angewendet. Zum Zeitschritt t_i wird hierfür der Stromverlauf des Aktors d komprimiert und der zugehörige Health-Index berechnet. Für die Bereitstellung der komprimierten Repräsentationen $\boldsymbol{y}_{t_i}^d$ wird auf das in Abschn. 2.2.2 **Ideales Messsystem** vorgestellte endlich-dimensionale Compressed-Sensing Standardmodell zurück gegriffen, dessen Messsystem $\boldsymbol{\Phi} \in \mathbb{R}^{M \times N}$ eine Zufallsmatrix darstellt, deren Elemente $\Phi_{i,j}$ einer stetigen Gleichverteilung mit $\mathcal{U}(0,1)$ folgen. Um den Einfluss der Zufallsmatrixgenerierung auf die Kompressionsergebnisse zu minimieren, wurden Monte-Carlo-Simulationen mit einem jeweils neu initialisierten Random-Seed durchgeführt. Die berechneten Health-Indices werden unter Verwendung der zu Beginn von Abschn. 3.2 **Merkmalsfusionierung** vorgestellten Metriken auf ihre Eignung für prognostische Zwecke hin untersucht. Zudem wird für jeden Health-Index das Bestimmtheitsmaß R^2 berechnet, wobei die Schaltzeit τ^d als Bezugswert dient. Das prinzipielle Vorgehen für die HI-Generierung kann dem Pseudo-Code aus Alg. 1 entnommen werden.

Algorithm 1: Health-Index Generierung

Input: Monitoring-Daten $\boldsymbol{x}_{t_i}^d$ des Aktors d bis zum Zeitpunkt t_i
Ergebnis: Aus CS-Koeffizienten $\boldsymbol{y}_{t_i}^d$ berechneter Health-Index $\mathrm{HI}_{t_i}^d$
Initialisierung: CS-System $\boldsymbol{\Theta} = \boldsymbol{\Phi\Psi}$; Referenzdaten laden $\boldsymbol{Y}_{defekt}$;
foreach *Prüfling d* **do**
    while *neue Monitoring-Daten zum Zeitpunkt t_i verfügbar sind* **do**
        Signal komprimieren $\boldsymbol{y}_{t_i}^d \leftarrow \boldsymbol{\Theta} \boldsymbol{x}_{t_i}^d$;
        if *Neuzustand* [2] **then**
            (a) LR-Modell parametrieren: $\boldsymbol{\beta}^d \leftarrow EM(\boldsymbol{y}, \boldsymbol{y}_f)$;
            (b) Zu erwartenden Grenzwert berechnen $\mathcal{D}_{ref}^d (\boldsymbol{y}_{t_0}^d, \boldsymbol{Y}_{defekt})$;
        else
            (a) HI berechnen: $\mathcal{L}_{t_i}^d \leftarrow LogReg(\boldsymbol{y}_{t_i}^d)$;
            (b) HI berechnen: $\mathcal{D}_{t_i}^d \leftarrow \mathcal{D}_{t_i}^d (\boldsymbol{y}_{t_0}^d, \boldsymbol{y}_{t_i}^d)$;
        end
        Distanzmetrik normieren: $\hat{\mathcal{D}}_{t_i}^d = \mathcal{D}_{t_i}^d / \mathcal{D}_{ref}^d$;
    end
end

---

[2] Der Neuzustand liegt üblicherweise kurz nach Inbetriebnahme vor, da aufgrund der geringen Anzahl durchgeführter Schaltspiele noch kein signifikanter Verschleiß eingesetzt hat.

3.3 Anwendung auf gemessene Lebensdauerdaten

Die Funktionsfähigkeit der vorgeschlagenen Methoden unter nicht-idealen bzw. realitätsnahen Bedingungen wird darüber hinaus anhand einer Random-Demodulation evaluiert und mit den Ergebnissen der idealen Kompression verglichen. Der Random-Demodulator wurde hierfür, wie in [87] dargestellt, in Form einer Matrix-Operation aufgebaut. Die Ergebnisse sind entsprechend mit R indexiert: $\hat{\mathcal{L}}_R, \hat{\mathcal{D}}_R$.

3.3.1 Regressionsmodell

In Abb. 3.13 ist ein Vergleich zwischen den Logistic Regression HIs und dem jeweiligen Ground-Truth Schaltzeit für die Aktoren 1 und 10 dargestellt [3].

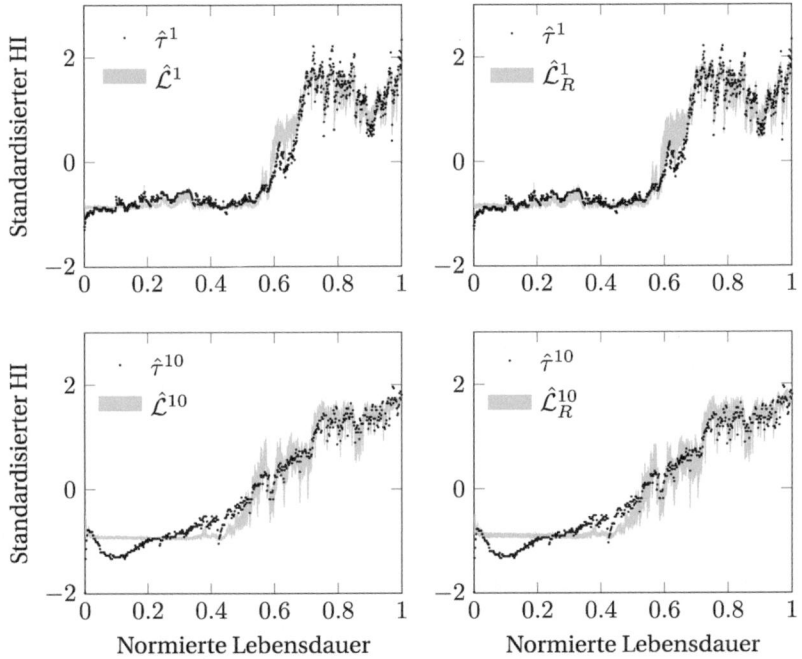

Abb. 3.13 Verschleißpfade $\hat{\mathcal{L}}^d$ ($R^2 = 0.84 \pm 0.14$) und $\hat{\mathcal{L}}_R^d$ ($R^2 = 0.82 \pm 0.16$) im Vergleich mit dem Ground-Truth Schaltzeit $\hat{\tau}^d$

---

[3] Die Ergebnisse der Aktoren 2, 4, 5 und 9 sind in Anhang A4 im elektronischen Zusatzmaterial einsehbar.

Zur besseren Übersicht sind die Verläufe der Zeitreihen z-transformiert (mit $\tilde{\cdot}$ kenntlich gemacht). Die Ergebnisse der 250 Monte-Carlo-Simulationen sind jeweils grau schraffiert abgebildet. Aktor 1 weist hierbei eine qualitativ besonders gute Übereinstimmung von $\hat{\mathcal{L}}^1$ mit dem Ground-Truth-Signal $\hat{\tau}^1$ auf, wohingegen sich bei Aktor 10 maßgeblich in den Einlaufphasen erhebliche Abweichungen ergeben. Rekapituliert man die Parametrierung des Regressionsmodells, die anhand der in Abschn. 3.1.3 **Datenstruktur im komprimierten Merkmalsraum** beschriebenen Referenzdaten erfolgt, wird deutlich, dass sich die generierten HIs während des Alterungsprozesses lediglich zwischen definierten Grenzwerten [0, 1] bewegen können. Die obere bzw. untere Beschränkung des Wertebereichs ist somit – insbesondere am Lebensdaueranfang und Ende – zu erwarten und gewollt. Die für Aktor 1 beobachtete guten Übereinstimmung zwischen $\hat{\mathcal{L}}^1$ und $\hat{\tau}^1$ liegt in einer bereits zu Beginn des Lebensdauerversuchs vergleichsweise schnellen Schaltzeit sowie im Ausbleiben einer klassischen Einlaufphase, welche bei allen anderen Aktoren auftritt. In Tab. 3.3 sind die Ergebnisse der Bewertungsmetriken Prognosability, Trendability, Monotonicity sowie die hieraus berechnete Fitness mit $\omega_i = 1/3$ und $\sum \omega_i = 1$ für eine ideale sowie realitätsnahe Kompression gegenübergestellt. Die Bewertung der Ground-Truth-Signale $\hat{\tau}$ ist hierbei als Referenz angegeben. Insbesondere die hohe Prognosability $\mathcal{P}$ indiziert eine gute Eignung der LogReg HIs für eine Restlebensdauerschätzung. Die Werte für Trendability und Monotonicity sind jedoch erwartungsgemäß schlecht, was zu einer schlechten Fitness der LogReg HIs im direkten Vergleich zur Schaltzeit führt.

Tab. 3.3 Bewertungen der Logistic Regression basierten Health-Indices

HI	$\mathcal{P}$	$\mathcal{T}$	$\mathcal{M}$	$\mathcal{F}$
$\hat{\mathcal{L}}$	0.993 ± 0.003	0.755 ± 0.031	0.333 ± 0.038	0.691 ± 0.020
$\hat{\mathcal{L}}_R$	0.993 ± 0.003	0.730 ± 0.070	0.334 ± 0.052	0.684 ± 0.038
$\hat{\tau}$	0.991	0.840	0.592	0.807

3.3.2 Manhattan-Metrik

Die Darstellung von Manhattan-Metrik HIs und Schaltzeit sind für die Aktoren 1, 2, 4, 5, 9 und 10 in Abb. 3.14 gegeben. Analog zum vorherigen Kapitel wurden das Ground-Truth-Signal sowie die Verläufe der Monte-Carlo-Simulationen ebenfalls z-transformiert. Im direkten Vergleich mit den Ergebnissen aus Abb. 3.13 ist zu erkennen, dass die mittels Distanzmetrik generierten HIs das Ground-Truth-Signal qualitativ und quantitativ besser reproduzieren. Dies liegt maßgeblich darin

3.3 Anwendung auf gemessene Lebensdauerdaten

begründet, dass der HI-Wertebereich nicht durch die ausgewählten Trainingsdaten sowie die gewählte Methode beeinflusst und beschränkt wird. Die Berechnung der Distanz im Merkmalsraum erfolgt basierend auf dem Neuzustand des Aktors und muss abschließend lediglich mit der Distanz zum gemittelten Defektzustand auf das Intervall [0, 1] normiert werden.

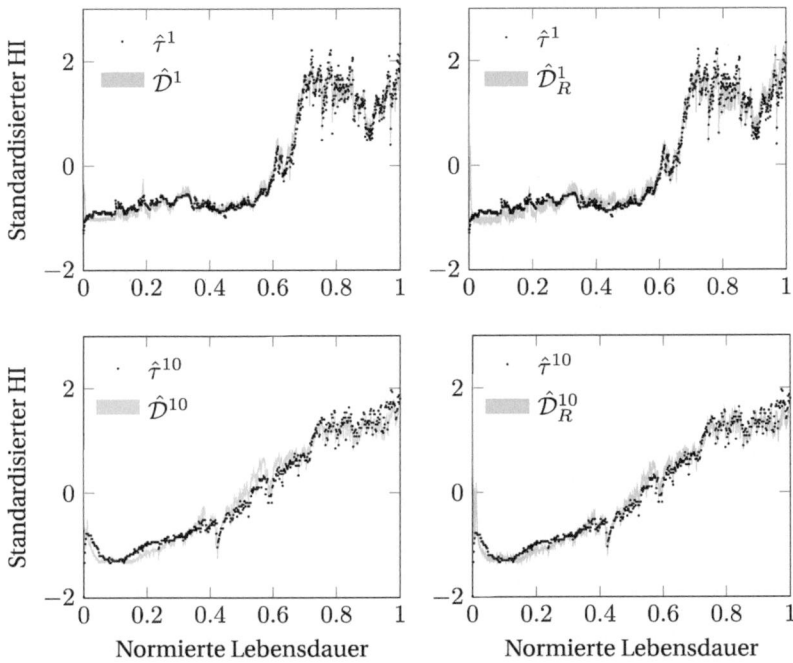

Abb. 3.14 Verschleißpfade $\mathcal{D}^d$ ($R^2 = 0.96 \pm 0.02$) und $\mathcal{D}_R^d$ ($R^2 = 0.92 \pm 0.05$) im Vergleich mit dem Ground-Truth Schaltzeit $\hat{\tau}^d$

Eine generell gute Übereinstimmung der generierten Distanzmetrik HIs mit den Schaltzeitverläufen führt dazu, dass die Bewertungsmetriken aus Tabelle 3.4 jenen der Schaltzeit folgen. Ausgenommen hiervon ist die Prognosability, die deutlich schlechtere Werte aufweist. Als Ursache hierfür wird maßgeblich die Distanzmetrikberechnung an sich gesehen. Wie in Abb. 3.8 dargestellt ist, bewegen sich die Verschleißpfade der Versuchsträger unterschiedlich in Richtung des Defektzustandes, was zu Abweichungen hinsichtlich des Grenzwertübertritts und damit zu einer schlechten Prognosability führt. Die Gewichtungsfaktoren für die Berechnung der Fitness wurden ebenfalls zu $\omega_i = 1/3$ mit $\sum \omega_i = 1$ gewählt.

Tab. 3.4 Bewertungen der Manhattan-Metrik basierten Health-Indices

HI	$\mathcal{P}$	$\mathcal{T}$	$\mathcal{M}$	$\mathcal{F}$
$\hat{\mathcal{D}}$	0.616 ± 0.032	0.823 ± 0.011	0.533 ± 0.006	0.658 ± 0.011
$\hat{\mathcal{D}}_R$	0.435 ± 0.056	0.815 ± 0.014	0.441 ± 0.026	0.562 ± 0.023
$\hat{\tau}$	0.991	0.840	0.592	0.807

3.3.3 Diskussion der Ergebnisse

In den vorigen beiden Abschnitten wurden die in Abschn. 3.2.1 **Bewertung der prognostischen Qualität** eingeführten prognostischen Bewertungskriterien, deren Resultate für den Logistic-Regression- sowie für den Distanzmetrik-HI in Tab. 3.3 und Tab. 3.4 zusammengefasst sind, direkt mit den Ergebnissen des Ground-Truth Schaltzeit verglichen. Eine genauere Betrachtung der Schaltzeitverläufe zeigt jedoch, dass ein direkter Vergleich der Schaltzeit-Prognosability mit der Prognosability der berechneten CS-basierten Health-Indices nicht zielführend ist. Als ursächlich hierfür wird maßgeblich angesehen, dass die Schaltzeitverläufe der defekten Aktoren beim Überschreiten der Schaltzeitschwelle nahezu dieselbe Charakteristik aufweisen, was eine theoretische Varianz von 0 und gemäß Gl. (3.2) eine gegen 1 strebende Prognosability zur Folge hat. Das Bewertungskriterium besitzt damit – zumindest für den Ground-Truth – nur eine begrenzte Aussagekraft. Der Vergleich der HIs $\mathcal{L}^d$ und $\mathcal{D}^d$ untereinander ist jedoch durchführbar, da die Trajektorien unterschiedliche Verläufe und Werte beim Eintreten des Fehlerfalls aufweisen. Darüber hinaus wird in [108] angemerkt, dass die Metrik Monotonicity nicht für jene Anwendungen geeignet ist, die Selbstheilungseffekte aufweisen. Eine genaue Betrachtung der Schaltzeitverläufe aus Abb. 3.1 und Abb. 3.2 zeigt, dass auch die hier betrachtete Aktoren zu solchen Erholungs- oder Selbstheilungseffekten neigen. Ausgehend von den diskutierten Einschränkungen erfolgt eine Neubewertung der Ergebnisse aus Tab. 3.3 und 3.4 unter Berücksichtigung der folgenden Punkte: (1) eine gute Prognosability der Merkmale steht im Vordergrund, (2) im Hinblick auf eine intuitive und einfache Modellbildung ist auf eine hohe Trendability zu achten und (3) eine hohe Monotonicity ist für die im Weiteren eingesetzten Methoden als weniger relevant zu werten. Die Gewichtungsfaktoren werden deshalb folgender-

3.3 Anwendung auf gemessene Lebensdauerdaten

maßen angepasst[4]: $\omega_1 = 0.65$, $\omega_2 = 0.3$ und $\omega_3 = 0.05$. Tabelle 3.5 zeigt die neu gewichteten Fitness-Werte und vergleicht diese mit den zuvor erzielten Ergebnissen. Hierbei zeigt sich vor allem, dass bei den LogReg basierten HIs die Fitness zunimmt, die relative Einordnung sich insgesamt jedoch nicht verändert.

Tab. 3.5 Neu gewichtete Fitness

HI	Fitness	
	$\omega_i = [1/3 \; 1/3 \; 1/3]$	$\omega_i = [0.65 \; 0.3 \; 0.05]$
$\hat{\mathcal{L}}$	0.691 ± 0.020	0.887 ± 0.011
$\hat{\mathcal{L}}_R$	0.684 ± 0.038	0.880 ± 0.023
$\hat{\mathcal{D}}$	0.658 ± 0.011	0.675 ± 0.020
$\hat{\mathcal{D}}_R$	0.562 ± 0.023	0.548 ± 0.039

Abschließend soll der Einsatz der in Abschn. 3.1.3 **Datenstruktur im komprimierten Merkmalsraum** eingesetzten Dimensionsreduktions- und Merkmalsselektionsverfahren im Kontext der Health-Index Generierung diskutiert werden. So bietet die Approximation des Datensatzes durch Selektion der relevantesten Principal Components zwar ein gewisses Optimierungspotential hinsichtlich des algorithmischen Gesamtaufwandes. Jedoch ist die Berechnung einer PCA stark problemabhängig, weshalb sie für jedes betrachtete System eigens durchgeführt und die Matrix für eine Transformation neuer Messdaten permanent vorgehalten werden muss. Dieses Vorgehen ist besonders dann nicht praktikabel, wenn viele einzelne Systeme betrachtet werden sollen. Darüber hinaus ist eine Rekonstruktion der Strommessungen aus den dimensionsreduzierten Vektoren nicht mehr ohne Weiteres möglich.

Noch problematischer wird eine Dimensionsreduktion mittels Merkmalsselektion gesehen, da hier lediglich die Trennbarkeit der Merkmale betrachtet wird und im Falle einer auf den trennungswirksamsten Merkmalen basierende Rekonstruktion der resultierende Approximationsfehler zwangsläufig ansteigen wird. Dies liegt vor allem darin begründet, dass wie in Abb. 2.19 exemplarisch dargestellt ist, nahezu alle Koeffizienten informationstragend sind und deren Eliminierung zu Fehlern und Informationsverlust führen kann.

Auf Grund der genannten Nachteilen und um die in Abschn. 1.3 **Motivation und Fragestellungen** dargestellte Problematik einer mehrstufigen und komplexen

---

[4] Die Parametrierung der Gewichtungsfaktoren ist davon abhängig, welche Wichtigkeit den einzelnen Bewertungskriterien eingeräumt wird und kann frei gewählt werden.

Merkmalsverarbeitungskette zu umgehen, wird auf den Einsatz von Dimensions- und Merkmalsselektionsalgorithmen explizit verzichtet.

3.4 Zusammenfassung

Zu Beginn des Kapitels erfolgt zunächst eine eingehende Beschreibung der generierten Lebensdauerdaten sowie des verwendeten Messequipments. Die aufgezeichneten Daten werden einerseits im Zeitbereich und andererseits im Merkmalsraum betrachtet, um vorhandenen alterungs- und verschleißabhängige Strukturen herausarbeiten und die Notwendigkeit einer Dimensionsreduktion bzw. Merkmalsselektion bewerten zu können. Von besonderem Interesse ist in diesem Zusammenhang die Identifikation der Neu- und Defektzustände, um die nachgelagerte Fusionierung von komprimierten Messdaten in einen die Alterung gut abbildenden Health-Index umsetzen zu können. Diese Fusionierung erfolgt mittels einer Distanzmetrik sowie basierend auf einem Logistic Regression Ansatz. Beide Herangehensweisen sind hierbei in der Lage, den zugrunde liegenden Ground-Truth Schaltzeit zu reproduzieren und weisen im Fall des Logistic Regression HIs darüber hinaus noch gute prognostische Eigenschaften auf. Allerdings ergeben sich hinsichtlich der HI-Generierung Vorteile auf Seiten der Distanzmetrik, da diese algorithmisch deutlich weniger komplex ist und ohne ein entsprechendes Training auskommt. Eine Bewertung der verschiedenen Ansätze kann jedoch nur zielführend erfolgen, indem der Output eines Prognosealgorithmus unter Verwendung der jeweiligen HIs verglichen wird.

In Bezug auf die in Abschn. 1.3 **Motivation und Fragestellungen** formulierten Grundfragestellungen können die Punkte 2 „*Lässt sich aus komprimierten Messdaten ein alterungsspezifischer Indikator bestimmen?*" und 3 „*Existieren Referenzzustände, zwischen denen sich dieser Indikator während des Alterungsprozesses bewegt?*" anhand der vorgestellten Ergebnisse positiv beantwortet werden.

Modellierung der Verschleißvorgänge 4

Das Kapitel führt in die Modellierung der Brownschen Bewegung mittels Wiener-Prozessen ein und diskutiert lineare sowie nicht-lineare Modellierungsansätze. Die kombinierte Zustands- und Parameterschätzung wird anhand simulierter Verschleißdaten mithilfe von Kalman- und Particle-Filtern validiert und anschließend auf reale Aktordaten aus Lebensdauerversuchen angewendet.

Bedingt durch die limitierte Anzahl an Versuchsträgern können aus den vorhandenen Lebensdauerdaten keine realistischen und generalisierenden Aussagen über Ausfallzeitpunkte bzw. Zuverlässigkeiten extrahiert werden. Die hierauf aufbauenden sog. Mean Time to Failure (MTTF) Modelle sind generell nur bei einem ausreichend großen Datensatz sinnvoll anzuwenden und haben darüber hinaus den Nachteil, dass sie für eine Grundgesamtheit gelten, aber keinerlei Rückschlüsse auf das Verhalten einzelner Systeme zulassen. Die in Abschn. 2.3 **Formulierung des prognostischen Ansatzes** beschriebenen Annahmen sowie vorhandene Informationen über den Merkmalsraum ermöglichen jedoch eine Restlebensdauerschätzung basierend auf dem aktuellen „Gesundheitszustand" jedes einzelnen Aktors. Die Quantifizierung dieses „Gesundheitszustands" erfolgt durch die im vorhergehenden Kapitel beschriebenen HIs, welche jedoch starkem Rauschen unterliegen und einen nicht monotonen Verlauf aufweisen.

Für eine robuste Restlebensdauerschätzung ist es deshalb essentiell, dass nicht nur das grundlegende Verschleißverhalten (linear, nicht-linear), sondern auch die vorhandenen Unbestimmtheiten korrekt abgebildet werden. Als für diesen Einsatzzweck besonders geeignet haben sich Wiener-Prozesse erwiesen, weshalb sie in

---

Ergänzende Information Die elektronische Version dieses Kapitels enthält Zusatzmaterial, auf das über folgenden Link zugegriffen werden kann https://doi.org/10.1007/978-3-658-50003-0_4.

der vorliegende Applikation ebenfalls zum Einsatz kommen sollen. Bevor jedoch eine Anwendung auf Realdaten erfolgt, werden grundlegende Eigenschaften unterschiedlicher Wiener-Prozesse simulatorisch untersucht. So soll einerseits die Wirkung der Modellparameter anschaulich dargestellt und andererseits ein geeigneter Modellierungsansatzes abgeschätzt werden.

Bereits 1997 wurde in [115] ein Wiener-Prozess für die Modellierung von Verschleißprozessen künstlich gealterter Systeme herangezogen. Weiterentwicklungen sind in [4, 116, 117] und [118] aufgezeigt. Die dortigen Betrachtungen bilden u. a. für das folgende Kapitel die methodische Ausgangsbasis. Ausführliche Einblicke in weitere Methoden der Restlebensdauerschätzung sowie umfängliche Überblicke über die Thematik sind u.a. in [4, 5, 7, 8] und [119] zu finden.

4.1 Wiener-Prozesse

Wiener Prozesse W werden als Modell für die Brownsche Bewegung verwendet, weshalb sie auch als Brownian-Motion (BM) bezeichnet werden. Generell wird als Wiener Prozess ein zeitkontinuierlicher stochastischer Prozess bezeichnet, der gleichzeitig einen stationären Markov-Prozess sowie ein Martingal darstellt [120, 121]. Darüber hinaus müssen folgende Eigenschaften zutreffen:

1. $\forall n \in \mathbb{N}$, $0 \leq t_n \leq 1$ sind die Inkremente $W(t_n) - W(t_{n-1})$ unabhängig
2. $\forall\, 0 \leq t_1 < t_2 \leq 1 : W(t_2) - W(t_1) \sim \mathcal{N}(0,\, t_2 - t_1)$
3. $W(0) = 0$ P-fast sicher ($P(W(0) = 0) = 1$)
4. Die Pfade sind P-fast sicher stetig

Ob die aufgezählten Anforderungen [120–122] von den in Abschn. 3.3 **Anwendung auf gemessene Lebensdauerdaten** vorgestellten HIs sowie vom Zeitbereichsqualitätsmerkmal erfüllt werden, lässt sich anhand der Änderungshistogramme grob abschätzen. Hierfür wurden für jeden generierten HI ein Histogramm basierend auf allen Testobjekten berechnet und in Abb. 4.1 einem Fit der Standardnormalverteilung gegenüber gestellt. Grundsätzlich wird das geforderte Verhalten mit $\mathbb{E}\{\Delta HI/\Delta t\} = 0$ erfüllt, jedoch indiziert ein positiver Exzess[1] eine vorhandene supergaußförmigkeit[2] und damit eine Abweichung von der Gaußverteilung. Am wenigsten hiervon betroffen ist der Manhattan-Metrik basierte HI, weshalb er prinzipiell als besonders geeignet für eine Abbildung mittels Wiener-Prozessen bewertet wird.

---

[1] Auch als Überkurtosis bezeichnet und definiert als die Differenz der Wölbung einer betrachteten Funktion im Vergleich zu jener einer normalverteilten Dichtefunktion.
[2] Auch als Steilgipfligkeit bezeichnet, Exzess > 0.

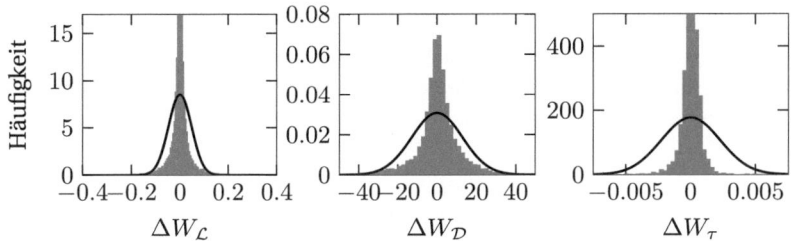

Abb. 4.1 Änderungshistogramme der HIs $\mathcal{L}$ und $\mathcal{D}$ sowie der Schaltzeit τ

4.1.1 Lineare und nichtlineare Driftfunktionen

Die einem Alterungsmerkmal inhärenten Verschleißvorgänge lassen sich mittels eines driftenden Wiener-Prozesses darstellen. Gleichung 4.1 beschreibt allgemein einen solchen Prozess mit dem initialen Verschleiß X_0, dem konstanten Driftparameter λ, dem konstanten Diffusionskoeffizient σ sowie einer Brownian-Motion $B(t)$ als Rauschterm. Der Driftterm $\mu(t, \Omega)$ stellt eine (beliebige) Funktion dar, die das grundlegende Verschleißverhalten abbildet und durch den Vektor Ω parametriert wird [123]. Dieser Driftterm kann hierbei linear mit $\mu = t$ oder nicht-linear, z. B. quadratisch mit $\mu = t^2$, sein [124].

$$X(t) = X_0 + \lambda \int_0^t \mu(\tau, \Omega) d\tau + \sigma B(t) \tag{4.1}$$

$$\text{mit} \quad \lambda \sim \mathcal{N}(\mu_0, \sigma_0^2) \tag{4.2}$$

Da das resultierende Verhalten mit $\mathbb{E}\{X(t_n) - X(t_n - 1)\} \neq 0$ nicht mehr als Martingal anzusehen ist, werden jene Prozesse als Super- bzw. Submartingal bezeichnet (für $\mu_0 = 0$ stellt $X(t)$ ein Martingal sowie für $\mu_0 > 0$ und $\mu_0 < 0$ ein Sub- bzw. Supermartingal dar). Verschleißvorgänge folgen häufig exponentiellem Verhalten (z. B. Vibrationssignale defekter Wälzlager), welches mit der sog. Geometric Brownian Motion (GBM) abgebildet werden kann. Die zugrunde liegende stochastische Differentialgleichung (4.3) kann mittels Itō's Lemma [125] in Gl. (4.4) überführt werden (Herleitung hierzu siehe Anhang A.1 im elektronischen Zusatzmaterial).

$$dS(t) = \lambda S(t) dt + \sigma S(t) dB(t) \tag{4.3}$$

$$S(t) = S_0 \exp\left(\left[\lambda - \frac{\sigma^2}{2}\right] t + \sigma B(t)\right) \tag{4.4}$$

Durch eine anschließende Logarithmierung und Umformung kann Gl. (4.4) für die Anwendung linearer Methoden zugänglich gemacht werden, was eine Weiterverarbeitung substantiell vereinfacht. Hierbei gilt es zu beachten, dass als HI nun $L(t)$ aus Gl. (4.6) verwendet wird.

$$\ln S(t) = \ln S_0 + \left(\lambda - \frac{\sigma^2}{2}\right)t + \sigma B(t) \qquad (4.5)$$

$$L(t) = S_0' + \lambda' t + \sigma B(t) \qquad (4.6)$$

$$\text{mit } \lambda' = \lambda - \frac{\sigma^2}{2} \quad \text{und} \quad S_0' = \ln S_0$$

$$\lambda \sim \mathcal{N}(\mu_0, \sigma_0^2), \quad S_0' \sim \mathcal{N}(\mu_1, \sigma_1^2), \quad B(t) \sim \mathcal{N}(0, t)$$

Ein zur Standard-GBM alternativer Ansatz wird in [57] vorgestellt. Das Modell aus Gl. (4.8) unterscheidet sich u. a. in der Art des verwendeten Fehlerterms von Gl. (4.4) und ist für die Abbildung exponentieller Verschleißvorgänge mit Rauschen anwendbar, was unabhängig identisch verteilt (IID) ist.

$$\tilde{S}(t) = C + \tilde{S}_0 \exp\left(\lambda t - \frac{\sigma^2}{2} + \epsilon(t)\right) \qquad (4.7)$$

$$L(t) = \ln(S(t) - C) = S_0' + \lambda t + \epsilon(t) \qquad (4.8)$$

$$\text{mit } \lambda \sim \mathcal{N}(\mu_2, \sigma_2^2) \quad \text{und} \quad S_0' = \ln S_0 - \frac{\sigma^2}{2}$$

$$S_0' \sim \mathcal{N}(\mu_0 - \frac{\sigma^2}{2}, \sigma_0^2), \quad \epsilon(t) \sim \mathcal{N}(0, \sigma^2)$$

4.1.2 Simulation von Wiener-Prozessen

Eine Übersicht gängiger Verfahren zur Simulation von stochastischen Differentialgleichungen ist z. B. in [126] zu finden. Eine einfache und schnell zu implementierende Methode ist die in [127] beschriebene Euler-Approximation, die für diese Arbeit – basierende auf den im vorigen Abschnitt beschriebenen Modellen – gemäß Gl. (4.9) und Gl. (4.10) umgesetzt wurde.

4.1 Wiener-Prozesse

$$X_{(i+1)\Delta t} = X_{i\Delta t} + \lambda a(i\Delta t)^{a-1} + \sigma\eta\sqrt{\Delta t} \quad \text{mit } \eta \sim \mathcal{N}(0,1) \quad (4.9)$$

$$S_{(i+1)\Delta t} = \exp\left(\left[\lambda - \frac{\sigma^2}{2}\right]i\Delta t + \Gamma_i\right) \quad (4.10)$$

$$\begin{aligned}&\text{für } \epsilon_{BM} : \Gamma_i = \Gamma_{i-1} + \sigma\eta\sqrt{i\Delta t}\\ &\text{für } \epsilon_{IID} : \Gamma_i = \sigma\eta\end{aligned} \quad \text{mit } \eta \sim \mathcal{N}(0,1)$$

Abbildung 4.2a zeigt Wiener-Prozesse mit linearem sowie quadratischem Driftverhalten. In Abb. 4.2b ist das exponentielle Verhalten der GBM für die Modelle aus Gl. (4.6) und Gl. (4.8) dargestellt, wobei die zugehörigen Simulationsparameter in Tab. 4.1 aufgeführt sind.

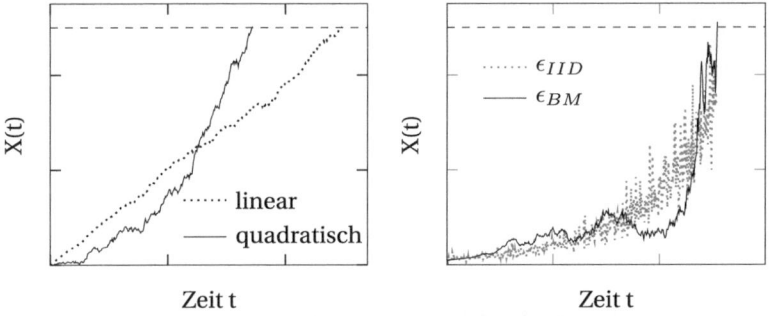

(a) Simulierter Wiener-Prozess mit linearer/quadratischer Drift.

(b) GBM mit unabhängig identisch verteiltem sowie Brownschem Rauschterm.

Abb. 4.2 Simulierte Wiener-Prozesse I

Tab. 4.1 Parameter zur Simulationsstudie aus Abb. 4.2

Gleichung	σ^2	λ	x_0	dt
Gl. (4.4) ϵ_{BM}	0.01	0.1	0	0.1
Gl. (4.8) ϵ_{IID}	0.25	0.1	0	0.1

Wie bereits erläutert, wird ein Wiener-Prozess durch den Driftkoeffizienten λ sowie die Diffusionskonstante σ beschrieben. Um den Einfluss der Parameter exemplarisch zu veranschaulichen, sind in Abb. 4.3 Realisierungen unterschiedlich parametrierter Wiener-Prozesse mit linearer Drift dargestellt. Es ist gut erkennbar, dass unterschiedliche Steigungen bei identischem Diffusionskoeffizienten gut separierbar sind (Abb. 4.3a). Wird bei gleichbleibender Steigung jedoch der Diffusionskoeffzient verändert, ist nicht mehr direkt ersichtlich, dass den Realisierungen derselbe Prozess zugrunde liegt (Abb. 4.3b).

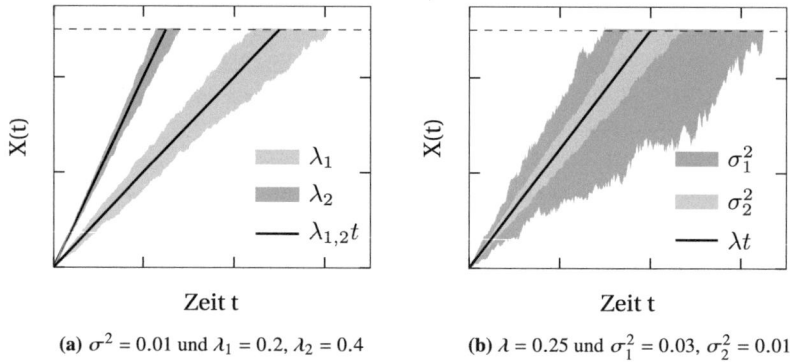

(a) $\sigma^2 = 0.01$ und $\lambda_1 = 0.2$, $\lambda_2 = 0.4$ (b) $\lambda = 0.25$ und $\sigma_1^2 = 0.03$, $\sigma_2^2 = 0.01$

Abb. 4.3 Simulierte Wiener-Prozesse II

4.1.3 Auswahl des Modellierungsansatzes

Eine qualitative Betrachtung der in Abschn. 3.1 **Beschreibung der Lebensdauerdatensätze** dargestellten Schaltzeitverläufe indiziert, dass den entwickelten HIs ein klassisches exponentielles Verschleißverhalten zugrunde liegt, was eine Modellierung mittels der Geometric Brownian Motion ermöglicht. Hierbei ist besonders der Modellierungsansatz mit Brownschem Fehlerterm aus Gl. (4.6) relevant, da die entwickelten HIs sowie die Schaltzeit Verläufe vergleichbar mit jenen aus Abb. 4.2b sind. Wie bereits im entsprechenden Kapitel beschrieben, kann durch eine simple Transformation das Modell linearen Methoden zugänglich gemacht werden, was im Hinblick auf den zu betreibenden Rechenaufwand positiv ist. Wird, wie in [124] vorgeschlagen, ein Verschleißmodell der Form $\mu = t^a$ angesetzt, sind zwar beispielsweise quadratische Verschleißverläufe abbildbar, jedoch muss der Parameter a zusätzlich geschätzt und damit der Parameterraum erweitert werden. Dies hat nicht nur Auswirkungen auf die Komplexität des Identifikationsprozesses und der hierfür eingesetzten Methoden, sondern kann auch je nach Datenlage eine eindeutige Bestimmung der Parameter verhindern. Welcher Modellierungsansatz (linear, quadratisch, exponentiell)[3] und welcher Rauschterm schlussendlich für die vorliegende Problematik eingesetzt wird, hängt vom zu erwartenden Verlauf des konstruierten HIs sowie dem vorhandenen Vorwissen über den Verschleißprozess ab.

4.2 Bestimmung der Modellparameter

Entscheidend für eine verwertbare Restlebensdauerprognose ist die Ermittlung des aktuellen Systemzustandes [128]. Da dieser jedoch durch Unbestimmtheiten wie Prozess- und Messrauschen sowie wechselnden Lastverhältnissen beeinflusst wird, muss eine auf Messdaten (also dem Health-Index) basierende Schätzung erfolgen. Im Zusammenhang mit Wiener-Prozessen hat sich der Einsatz einer verknüpften State- und Parameterschätzung bewährt, wie sie in [117, 129] vorgestellt und für die hier vorliegende Problematik adaptiert wurde.

4.2.1 Zustands- und Parameterschätzung

Für die Beschreibung der Modelle aus Gl. (4.1) und Gl. (4.6) kann das folgende lineare Zustandsraummodell angesetzt werden, dessen Herleitung in Anhang A2 im elektronischen Zusatzmaterial einsehbar ist.

$$\lambda_{t_i} = \lambda_{t_{i-1}} + \nu_{t_i} \qquad (4.11)$$

$$x_{t_i} = x_{t_{i-1}} + \lambda_{t_{i-1}} \int_{t_{i-1}}^{t_i} \mu(\tau, \Omega) \mathrm{d}\tau + \sigma \eta_{t_i}. \qquad (4.12)$$

---

[3] Falls keinerlei Vorwissen über die grundlegende Verschleißcharakteristik existiert, kann die Implementierung eines Interacting Multiple Model (IMM) Ansatzes zielführend sein. Hier werden die Wahrscheinlichkeiten der betrachteten Modellhypothesen (linear, quadratisch, exponentiell) unter Berücksichtigung der vorhandenen Messdaten zugrunde gelegt und die wahrscheinlichste Hypothese selektiert.

Die Evolution des States λ wird mittels eines Random-Walks modelliert, für dessen initiale Verteilung $\lambda_0 \sim \mathcal{N}(\mu_0, P_0)$ sowie die Zuwächse $\nu \sim \mathcal{N}(0, Q)$ gilt. Um den Anforderungen an einen Wiener-Prozess zu genügen, muss das Sensorrauschen $\eta \sim \mathcal{N}(0, t_i - t_{i-1})$ folgen. Da der Driftkoeffizient einen Hidden-State darstellt, der die Wahrscheinlichkeitsdichtefunktion aus Gl. (4.13) besitzt, erfolgt dessen Schätzung anhand aufgelaufener historischer Messdaten $x_{0:i}$.

$$p(\lambda_i | x_{0:i}) = \frac{1}{\sqrt{2\pi P_{i|i}}} \exp\left(\frac{-(\lambda_i - \hat{\lambda}_i)^2}{2 P_{i|i}}\right) \qquad (4.13)$$

$P_{i|i}$ und $\hat{\lambda}_i$ stellen hierbei Varianz und Mittelwert des Driftkoeffizienten λ dar, deren Schätzung mittels eines linearen Kalman-Filters durchgeführt werden kann. In [123] und [124] sind die für die hier vorliegende Problemstellung adaptierten Filtergleichungen gegeben. Hauptvorteil der Vorgehensweise liegt in der geringen Komplexität und der damit verbundenen guten Implementierbarkeit auf Embedded-Systemen. Darüber hinaus erlaubt die adaptive Aktualisierung des States λ eine ebenso flexible Berechnung der Restlebensdauerschätzung. Eine genauere Betrachtung von Gl. (4.12) zeigt jedoch, dass der zum Zeitpunkt t_i verwendete State λ jenem zum Zeitpunkt t_{i-1} entspricht, was der von Q abhängigen Evolution aus Gl. (4.11) widerspricht. Um dieses Problem zu umgehen, wird in [130] folgende Erweiterung der Zustandsgleichung vorgeschlagen:

$$x_{t_i} = x_{t_{i-1}} + \lambda_{t_i} \int_0^{t_i} \mu(\tau, \Omega) d\tau - \lambda_{t_{i-1}} \int_0^{t_{i-1}} \mu(\tau, \Omega) d\tau + \sigma \eta_{t_i}. \qquad (4.14)$$

Um den Unterschied zwischen Gl. (4.12) und Gl. (4.14) zu verdeutlichen, ist in Abb. 4.4 die Schätzung der States dargestellt. Insgesamt wurden jeweils 50 Realisierungen eines linear driftenden Wiener-Prozesses mit verschiedenen Werten für das angenommene Prozessrauschen Q generiert. Als Prädiktionsgleichung wurde jeweils $X_{pred} = \hat{\lambda}_{i|i} t$ verwendet. Um eine gute Übersichtlichkeit zu wahren, zeigen die beiden linken Abbildungen jeweils nur eine Realisierung sowie die zugehörigen Schätzungen. Die rechten Abbildungen stellen das Konvergenzverhalten des geschätzten States λ in Abhängigkeit von Q dar.

4.2 Bestimmung der Modellparameter

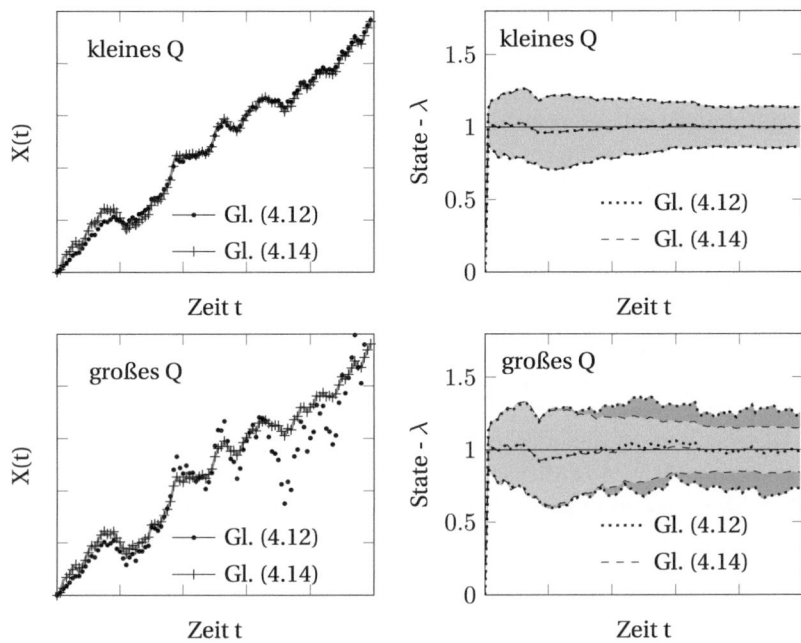

Abb. 4.4 Vergleich der Tracking-Performance ($\lambda_a = \lambda_b = 1$, $\sigma_a^2 = \sigma_b^2 = 4$)

Die erzielten Bestimmtheitsmaße R^2 sowie der jeweilige Root-Mean-Square Error (RMSE) sind in Tab. 4.2 gegenübergestellt. Generell erweisen sich der in Gl. (4.14) definierte Ansatz und der zugehörige Kalman-Filter-Entwurf als robuster gegenüber ungünstig gewähltem/parametriertem Prozessrauschen, was sich in einem besseren Tracking der States niederschlägt. Dies deckt sich mit den in [130] beschriebenen Ergebnissen, weshalb der Ansatz ebenfalls in dieser Arbeit zum Einsatz kommen soll.

Tab. 4.2 Gegenüberstellung der erzielbaren Bestimmtheitsmaße sowie des RMSE

Q	Ansatz	R^2	RMSE
groß (1e-2)	Gl. (4.12)	0.833 ± 0.147	11.04 ± 3.874
"	Gl. (4.14)	1.000 ± 0.000	0.476 ± 0.106
klein (1e-4)	Gl. (4.12)	0.989 ± 0.012	2.717 ± 1.302
"	Gl. (4.14)	0.999 ± 0.000	0.727 ± 0.088

Parameterschätzung Die im vorigen Abschnitt beschriebene Vorgehensweise ist hinsichtlich des notwendigen System- und Expertenwissens problematisch. So muss der Diffusionskoeffizient σ^2 durch den Systemdesigner möglichst plausibel gewählt werden und eine realistische Abschätzung der zu erwartenden Varianz des Prozessrauschens Q erfolgen, um eine gute Tracking-Performance sowie schnelle Konvergenz des Kalman-Filters zu erzielen.

Diese Problematik kann jedoch umgangen werden, indem, wie in [131] vorgeschlagen, eine gleichzeitige Zustands- und Parameterschätzung durchgeführt wird, die, sobald neue Messdaten zur Verfügung stehen, alle Parameter und States adaptiv aktualisiert. Für verschiedene Condition-Monitoring Applikationen wurde dieser Ansatz bereits erfolgreich in [117, 123, 124] und [130] angewendet, weshalb die grundlegende Herangehensweise auf die in der vorliegenden Arbeit vorhandene Problemstellung adaptiert und angewandt wird. Auf eine detaillierte Wiedergabe der Gleichungen und Herleitungen wird an dieser Stelle jedoch verzichtet, da diese in den entsprechenden Quellenangaben im Detail nachvollzogen werden können.

Wie bereits angedeutet, erfolgt basierend auf vorhanden Condition-Monitoring Daten $x_{0:i}$ neben der Schätzung der States x und λ auch die Schätzung des Parametervektors $\vartheta = [\sigma^2 \ Q]^T$. Hierbei stellt $p(x_{0:i}|\vartheta)$ die Wahrscheinlichkeitsverteilung der Verschleißdaten bzw. des Health-Index (HI) in Abhängigkeit der Parameter ϑ dar. Die zugehörige log-Likelihood-Funktion ist in Gl. (4.15) gegeben.

$$\ell(\vartheta) = \log \ p(x_{0:i}|\vartheta) \tag{4.15}$$

Da der Hidden-State λ ebenfalls anhand der vorhandenen Monitoring-Daten ermittelt wird, ergibt sich unter Verwendung von Gl. (4.13) eine gemeinsame Wahrscheinlichkeitsdichtefunktion $p(x_{0:i}, \Lambda_i|\vartheta)$ mit der log-Likelihood-Funktion

$$\ell(\vartheta) = \log \ p(x_{0:i}, \Lambda_i|\vartheta) \quad \text{und} \quad \Lambda_i = \{\lambda_0, \ldots, \lambda_i\}. \tag{4.16}$$

Wird der Parametervektor zu $\vartheta = [\mu_0 \ P_0 \ \sigma^2 \ Q]^T$ erweitert, kann der initiale Driftkoeffizient bzw. dessen Verteilung $\lambda_0 \sim \mathcal{N}(\mu_0, P_0)$ ebenfalls geschätzt werden. Über eine Glättung der States mittels Rauch-Tung-Striebel Smoother (RTS-Smoother) [132] wird so eine iterative Verbesserung der Zustandsschätzung sowie eine gleichzeitige Optimierung der Startwerte erzielt. Das Maximum-Likelihood-Estimate des Parametersatzes ϑ in Abhängigkeit der Messdaten $x_{0:i}$ zum Zeitpunkt t_i wird hierbei durch $\hat{\vartheta}$ abgebildet [124].

Expectation: $\quad \ell(\vartheta|\hat{\vartheta}^k) = \mathbb{E}\{\log\ p(\boldsymbol{x}_{0:i}, \Lambda_i|\vartheta)\}$ \hfill (4.17)

Maximization: $\quad \hat{\vartheta}^{k+1} = \arg\max\limits_{\vartheta} \ell(\vartheta|\hat{\vartheta}^k)$ \hfill (4.18)

4.2.2 Algorithmus und Implementierung

In Alg. 2 ist die im vorherigen Abschnitt beschriebene State- und Parameterschätzung in Pseudocode zusammengefasst. Als Eingangssignal für die Schätzung können entweder die generierten HIs oder direkt die Schaltzeit verwendet werden, was dem Ansatz eine gewisse Flexibilität verleiht. Um die Anforderungen $W(0) = 0$ des Wiener-Prozesses zu erfüllen, muss über eine Offset-Kompensation $\hat{\boldsymbol{x}}_{0:i} = \boldsymbol{x}_{0:i} - x_0$ sichergestellt werden, dass $\hat{x}_0 = 0$ ist. Hierbei gilt es zu beachten, dass sich die hier vorgenommene Kompensation auch auf den verwendeten Grenzwert bzw. die Schätzung der Restlebensdauer auswirkt, welche erst dann durchgeführt werden kann, sobald das Verfahren konvergiert ist und der Parametersatz zur Verfügung steht.

Algorithm 2: State- und Parameterschätzung

Input: Monitoringdaten $\hat{\boldsymbol{x}}_{0:i}$ bis zum Zeitpunkt t_i
Ergebnis: $\hat{\lambda}$ und $\hat{\vartheta} = [\sigma^2 \ \mu_0 \ P_0 \ Q]^T$
Input: $\hat{\lambda}_0 \sim \mathcal{N}(\mu_{0,0}, P_{0,0})$, $\hat{\vartheta}_0 = [\sigma_0^2 \ \mu_{0,0} \ P_{0,0} \ Q_0]^T$
for $x_{0:i}$ **do**
    while *Konvergenzkriterium nicht erreicht* **do**
        Zustandsschätzung: $\hat{\lambda}_i^k \leftarrow \text{KF}(\hat{\boldsymbol{x}}_{0:i}, \hat{\vartheta}^k, \hat{\lambda}^k)$;
        Glättung mittels RTS-Smoother: $\mu_0^k \leftarrow \hat{\lambda}_0^k$, $\tilde{P}_0^k \leftarrow P_{0,0}^k$;
        Calculate Expectation: $\ell(\vartheta|\hat{\vartheta}^k) \leftarrow \mathbb{E}\{\log\ p(\boldsymbol{x}_{0:i}, \Lambda_i|\vartheta)\}$;
        Maximize log-Likelihood: $\hat{\vartheta}^k \leftarrow \arg\max\limits_{\vartheta} \ell(\vartheta|\hat{\vartheta}^k)$;
    if *konvergiert* **then**
        $\hat{\lambda}_0 \sim \mathcal{N}(\mu_0^k, P_0^k)$, $\hat{\vartheta}_0 = \hat{\vartheta}^k$;
        break $\rightarrow$ **RUL-Schätzung**;
    else
        $\hat{\vartheta}^{k+1} = \hat{\vartheta}^k$;
    end
    $k = k + 1$;
    end
end

Das Konvergenzkriterium ist erfüllt, wenn die Änderungen aller Parameter in $\hat{\vartheta}$ unterhalb eines definierten Grenzwertes liegen (siehe Gl. 4.19) oder eine vorgeschriebene Anzahl an Iterationen (hier N = 5000) überschritten ist.

$$\forall i \text{ in } \hat{\vartheta} : \vartheta_i^{k+1} - \vartheta_i^k = \Delta\hat{\vartheta}_i \leq 1 \cdot 10^{-6} \qquad (4.19)$$

4.2.3 Evaluierung anhand simulierter Verschleißprozesse

Anhand simulierter Wiener-Prozesse mit bekannten Parametersätzen soll die Anwendbarkeit des Kalman-Filter/Expectation-Maximization-basierten Ansatzes auf verschiedenen Prozess-Typen untersucht werden. Ziel ist hierbei nicht nur eine Überprüfung der algorithmischen Umsetzung, sondern auch eine Abschätzung des zu erwartenden Konvergenzverhaltens in Abhängigkeit des zugrunde liegenden Prozesses. Da reale Verschleißprozesse häufig einem exponentiellen Verlauf folgen, wurden Monte-Carlo-Simulationen unter Verwendung der Modelle aus Gl. (4.4) und Gl. (4.8) durchgeführt. Insgesamt erfolgten jeweils 250 Durchläufe mit unterschiedlichen Seeds für die Compressed Sensing Random-Matrix sowie für die Rauschterme der Wiener-Prozesse. Die Zustandsschätzung wird mit einem Particle-Filter (PF)[4] basierten Ansatz verglichen, um die erzielten Ergebnisse besser bewerten zu können. Hierbei kommt das in Gl. (4.20) beschriebene Prädiktions- und Messmodell zum Einsatz:

$$\tilde{x}_i = \begin{bmatrix} \tilde{x}_{i-1} + \lambda \Delta t \\ \lambda \end{bmatrix} + v_x \qquad (4.20)$$

$$z = [1\ 0]\ \tilde{x} + v_z$$

$$\text{mit } v_x = [\mathcal{N}(0, \sigma_0^2)\ \mathcal{N}(0, \sigma_1^2)]^T \text{ und } v_z = \mathcal{N}(0, \sigma_2^2) \qquad (4.21)$$

Der Einfluss von Mess- bzw. Parameterrauschen kann über die Varianzen $\sigma_{1,2}$ simuliert werden. Der Rauschterm der unterschiedlichen Wiener-Prozesse wird über σ_0 bzw. schlussendlich über ϵ_{IID} oder ϵ_{BM} abgebildet. Die Prozesse wurden so parametriert, dass sich einem Verschleiß ähnliche bzw. realitätsnahe Verläufe generieren lassen. So wurde für das GBM-Modell mit brownschem Rauschterm ein Diffusionskoeffizient von $\sigma_{BM} = 0.01$ und für den iid-Rauschterm von $\sigma_{IID} = 0.05$ angesetzt. Für beide Prozesse wurde dieselbe Steigung mit $\lambda = 0.1$ verwendet sowie ein simuliertes Prozessrauschen, das mit $\mathcal{N}_Q(0, 0.001)$ normalverteilt ist. Der

---

[4] Particle-Filter stellen, auch für nicht-lineare Probleme, ggf. sogar mit nicht-gaußverteiltem Rauschen, einen robusten Schätzer dar, weshalb sie hier Anwendung finden.

4.2 Bestimmung der Modellparameter

Zweckmäßigkeit halber wird davon ausgegangen, dass das Eingangssignal bereits logarithmiert vorliegt.

In Abb. 4.5 sind die Ergebnisse der simulierten Verschleißprozesse unter Verwendung des brownschen Rauschterms aus Gl. (4.4) dargestellt. Die grau schattiert Flächen bzw. gestrichelten Linien der Abbildungen 4.5a, 4.5c und 4.5d fassen die Abweichungen zusammen, die sich unter Berücksichtigung des gesamten Simulationsdatensatz ergeben. Um einen qualitativen Eindruck der erzielbaren Ergebnisse zu erhalten, sind exemplarisch die Simulationen und Schätzungen eines zufällig ausgewählten Monte-Carlo-Durchlaufs dargestellt. So zeigt Abb. 4.5a in schwarz die simulierte Trajektorie sowie in grau bzw. schwarz gepunktet die Ergebnisse des KF/EM-Ansatzes und der Particle-Filter Schätzung.

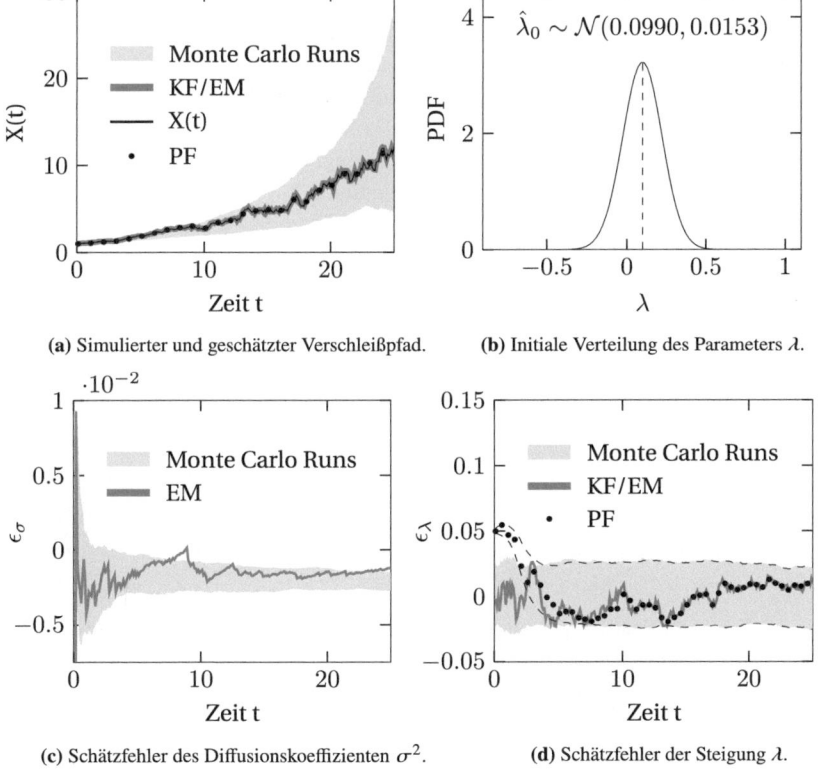

(a) Simulierter und geschätzter Verschleißpfad.

(b) Initiale Verteilung des Parameters λ.

(c) Schätzfehler des Diffusionskoeffizienten σ^2.

(d) Schätzfehler der Steigung λ.

Abb. 4.5 State- und Parameterschätzung für einen simulierten Verschleißprozess mit brownschem Rauschterm

Beide Schätzer sind hierbei gut in der Lage der Referenztrajektorie zu folgen, was ebenfalls aus der Tracking-Performance des Parameters λ hervorgeht (siehe Abb. 4.5d). Dass der KF/EM basierte Ansatz bereits ab t_0 um einen Tracking-Fehler von 0 schwankt, liegt darin begründet, dass mit neu zur Verfügung stehenden Messwerten die Startwerte des Kalman-Filters rekursiv aktualisiert werden. Die hierüber ermittelbare initiale Verteilung der Steigung des Wiener-Prozesses ist in Abb. 4.5b dargestellt, deren Erwartungswert von $\mathbb{E}\{\mathcal{N}_{\lambda_0}\} = 0.099$ gut mit dem Soll-Wert von $\lambda = 0.1$ übereinstimmt. Der Diffusionskoeffizient σ kann basierend auf den vorhandenen Messdaten stabil und schnell geschätzt werden, was neben der eben beschriebenen Bestimmung von $\mathcal{N}_{\lambda_0}$ essentiell für eine robuste Lebensdauerschätzung ist. Der korrespondierende Schätzfehler ist in Abb. 4.5c dargestellt. Generell hängt die erreichbare Schätzgüte von der Varianz des Verschleißprozesses (Diffusionskoeffizient und Prozessrauschen) sowie von der adaptiven Nachführung des Kalman-Filter-Parameters Q ab. Abbildung 4.6a veranschaulicht diesbezüglich den Unterschied in der Streuung des Tracking-Errors für λ bei einer Reduktion des Diffusionskoeffizienten um den Faktor 10. Hierzu korrespondierend ist die geschätzte Varianz des Prozessrauschens des KF/EM-Ansatzes in Abb. 4.6b dargestellt. Hier zeigt sich, dass das Schätzergebnis von Q direkt mit der Höhe des Diffusionskoeffizienten zusammenhängt (das Prozessrauschen wurde in der Simulation konstant bei $\sigma_Q^2 = 0.001$ belassen).

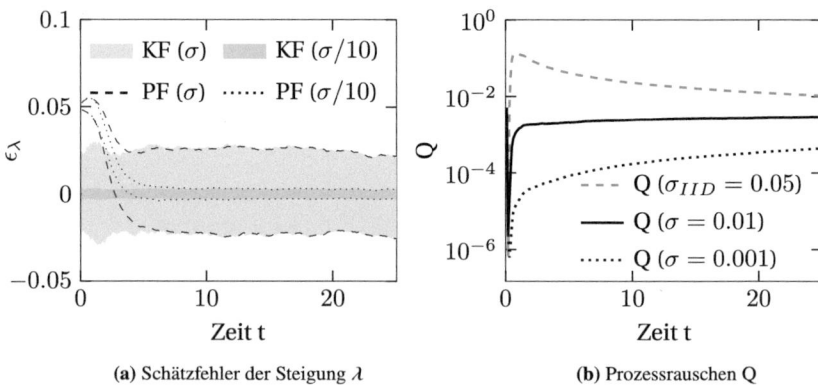

(a) Schätzfehler der Steigung λ (b) Prozessrauschen Q

Abb. 4.6 Vergleich des Konvergenzverhaltens für unterschiedlich große Diffusionskoeffizienten (sofern nicht anderweitig indiziert, gilt $\sigma \mathrel{\hat=} \sigma_{BM}$)

4.2 Bestimmung der Modellparameter

Die Simulationsergebnisse unter Verwendung des in [57] vorgestellten Modells mit iid-Rauschterm ϵ_{IID} sind in Abb. 4.7 dargestellt. Analog zu Abb. 4.5 ist hier ebenfalls grau schattiert bzw. gestrichelt die Ergebnisse aller 250 Simulationsdurchläufe berücksichtigt.

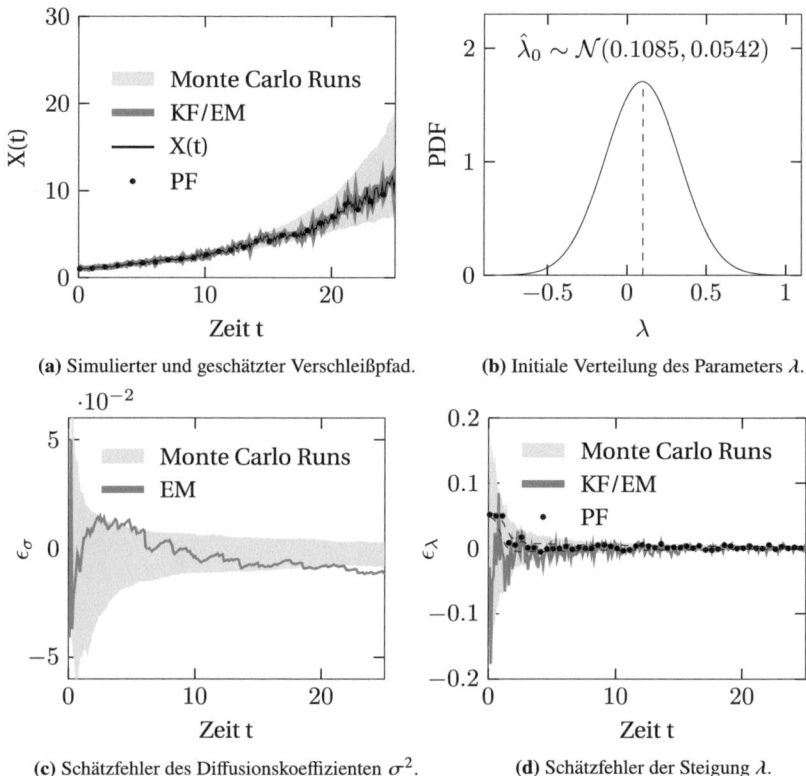

(a) Simulierter und geschätzter Verschleißpfad.
(b) Initiale Verteilung des Parameters λ.
(c) Schätzfehler des Diffusionskoeffizienten σ^2.
(d) Schätzfehler der Steigung λ.

Abb. 4.7 State- und Parameterschätzung für einen simulierten Verschleißprozess mit iid-Rauschterm

Generell zeigt sich, dass die Schätzung von Diffusionskoeffizient und Steigung für Verschleißverläufe mit iid-Rauschterm mit einer geringeren Konvergenzgeschwindigkeit erfolgt, als dies beim BM-Rauschterm der Fall ist. Zudem zeigt sich, dass der Parameter σ für alle MC-Simulationen nicht nur mit einer höheren Streuung einhergeht, sondern auch leicht unterschätzt wird, was anhand des negativen Offsets aus Abb. 4.7c gut erkennbar ist. Dem gegenüber steht eine leichte Überschätzung des Steigungsparameters λ, die jedoch gleichzeitig mit einer sehr geringen Streuung einhergeht. Die Ermittlung der initialen Verteilung des Parameters λ liefert für den Lageparameter einen vergleichbaren Wert von $\mu_{0,IID} = 0.1085$ (vs. $\mu_{0,BM} = 0.099$), zeigt jedoch eine deutlich größere Streuung. Dies lässt sich, wie bereits beschrieben, gut in Abb. 4.7d im Bereich um t_0 erkennen.

Die qualitative Betrachtung der vorgestellten Simulationen zeigt, dass der implementierte KF/EM-Ansatz Schätzergebnisse für die Parameter λ und σ liefert, die sich mit jenen des Particle-Filters in Einklang bringen lassen. Dass trotz unterschiedlicher Rauschterme durch beide Ansätze valide Wiener-Prozess abgebildet werden, lässt sich anhand der Histogramme aus Abb. 4.8a veranschaulichen. Sie folgen den geforderten Normalverteilungen mit Lageparameter 0 und weisen qualitativ vergleichbare Verteilungen auf. Unterschiede hinsichtlich Konvergenzgeschwindigkeit und Güte der Schätzer sind – wie bereits beschrieben – auf die Rauschterme ϵ_{BM} und ϵ_{IID} zurück zu führen. Jedes der in Abb. 4.8b dargestellten Histogramme zeigt eine zufällig ausgewählte Realisierung der durchgeführten Monte-Carlo-Simulationen und veranschaulicht die zugrunde liegenden Verteilungen der treibenden Prozesse, deren Erwartungswert und Streuung sich stark unterscheiden.

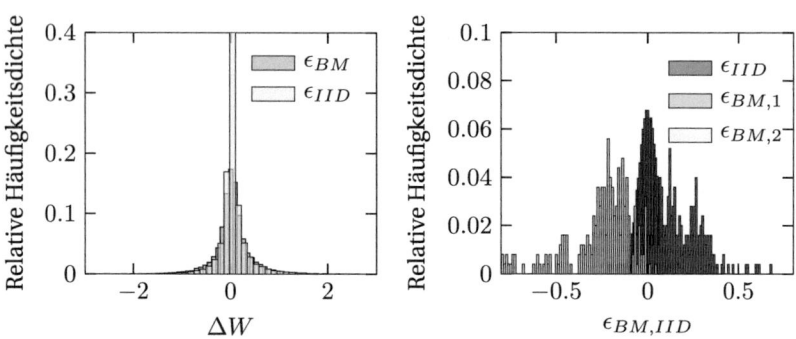

(a) Zuwächse ΔW der simulierten Verschleißprozesse mit Rauschtermen ϵ_{IID} und ϵ_{BM}.

(b) Rauschtermrealisierungen ϵ_{IID}, $\epsilon_{BM,1}$ und $\epsilon_{BM,2}$.

Abb. 4.8 Histogramme der Simulationsergebnisse

4.3 Anwendung auf gemessene Lebensdauerdaten

Da Faktoren wie Konvergenzgeschwindigkeit und Tracking-Güte direkten Einfluss auf die Restlebensdauerschätzung haben, ergeben sich für die Anwendung der Methodik auf reale Messdaten unterschiedliche Schlussfolgerungen hinsichtlich der erwartbaren Ergebnisse. Wird der Prozess von einem Rauschterm der Form ϵ_{BM} getrieben, ist zwar eine Remaining Useful Life (RUL)-Verteilung mit einer sich nur langsam ändernden Streuung zu erwarten (bedingt durch die geringe Streuung des Parameters σ), jedoch impliziert die größere Schwankung von λ ein Springen des RUL-Erwartungswertes, was schlussendlich zu einer stark rauschenden Schätzung führen kann. Für einen Verschleißprozess mit Rauschterm der Form ϵ_{IID} ergeben sich genau entgegengesetzte Schlussfolgerungen.

4.3 Anwendung auf gemessene Lebensdauerdaten

Im folgenden Abschnitt sollen die adaptierten Methoden der Parameter- und Zustandsschätzung auf die vorliegenden Verschleißdaten angewendet werde. In diesem Zusammenhang soll überprüft werden, ob mittels eines exponentiellen Modells das grundlegende Verschleißverhalten der Versuchsträger abgebildet werden kann. Anschließend soll die Güte der implementierten Schätzer analysiert und deren Eignung für den weiteren prognostischen Prozess bewertet werden. Hierzu werden die Lebensdauerdaten der Aktoren 1, 2, 4, 9 und 10 betrachtet, wobei Aktor 5 sowie dessen HIs explizit nicht Gegenstand der weiteren Betrachtungen sind, da dessen Verschleiß einen atypischen Verlauf aufweist.

4.3.1 Überprüfung der Modellannahme

Das Zwischenfazit aus Abschn. 4.1.3 **Auswahl des Modellierungsansatzes** aufgreifend, erfolgt an dieser Stelle eine qualitative Überprüfung der Modellannahme anhand logarithmiert dargestellter Health-Indices. Eine grundsätzliche Anwendbarkeit der GBM aus Gleichung 4.6 ist nämlich dann gegeben, wenn die logarithmiert dargestellten HIs möglichst lineare Verläufe aufweisen und so schlussendlich eine vereinfachte State- und Parameterschätzung ermöglichen. Hierfür sind zunächst die mittels logistischer Regression transformierten HIs aller betrachteten Versuchsträger in Abb. 4.9 überlagert dargestellt.

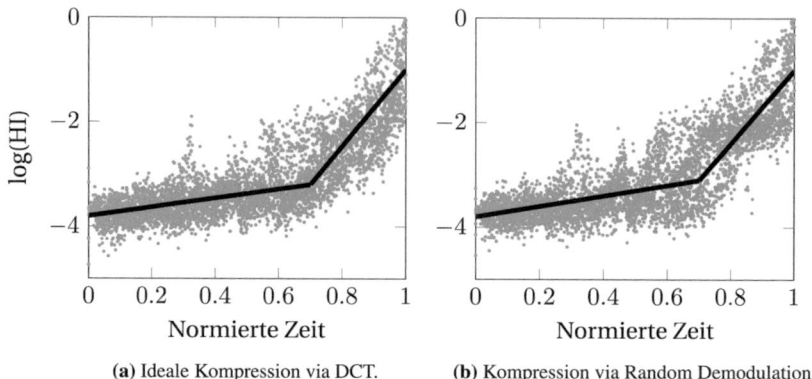

(a) Ideale Kompression via DCT. (b) Kompression via Random Demodulation.

Abb. 4.9 Logarithmierte HIs der Aktoren 1, 2, 4, 9 und 10

Die linke Abbildung zeigt HIs basierend auf einer ideale Kompression mit dem CS Standardmodell, die rechte Abbildung das Ergebnis einer Random Demodulation. Wie anhand der eingezeichneten Regressionsgeraden verdeutlicht werden soll, erfüllt die Gesamtheit der Lebensdauerdaten zwar die Anforderung an einen möglichst linearen Verlauf, jedoch ist dieser zweigeteilt, was sich anhand einer Steigungsänderung bei ca. 70 % der jeweiligen Gesamtlebensdauer erkennen lässt. In der Parameterschätzung ist an dieser Stelle also zwangsläufig mit einer Änderung des Parameters λ sowie mit Auswirkungen auf die nachgelagerten Schätzungen zu rechnen. Wird für eine Distanzmetrik basierte HI-Generierung bzw. für den Ground-Truth Schaltzeit t_s eine ähnliche Betrachtung wie für die Logistic Regression HIs durchgeführt, ergeben sich die in Abb. 4.10a und 4.10b dargestellten Zeit- bzw. Health-Index-Verläufe, die weniger klare Trends sowie abweichende Start- und Endpunkte aufweisen. Prinzipbedingt erfolgt bei beiden Verfahren keine Abbildung der Messdaten auf das Intervall [0, 1], weshalb speziell zu Beginn der Lebensdauer die Egalisierung des Einlaufverhaltens einiger Schaltzeitverläufe im Bereich unterhalb von ca. 25 % der normierten Lebensdauer nicht stattfindet.

4.3 Anwendung auf gemessene Lebensdauerdaten

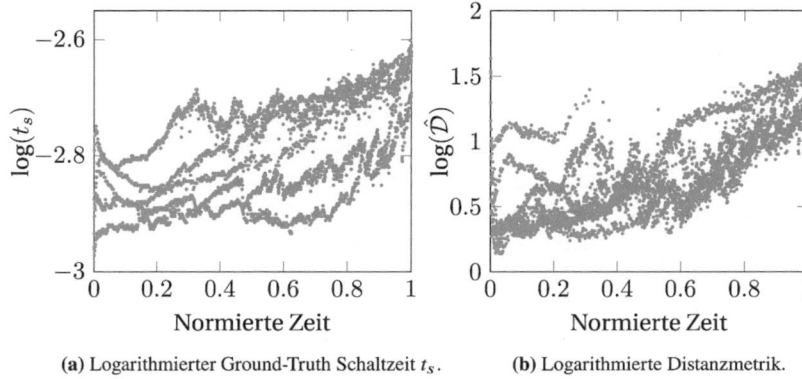

(a) Logarithmierter Ground-Truth Schaltzeit t_s. (b) Logarithmierte Distanzmetrik.

Abb. 4.10 Logarithmierte HIs der Aktoren 1, 2, 4, 9 und 10

Die hier vorgenommene Betrachtung ist allerdings ein schwaches Kriterium für die Bewertung der Eignung des Modellierungsansatzes und kann im Kontext dieser Arbeit lediglich für eine erste Abschätzung der grundsätzlichen Validität der Modellannahme herangezogen werden. Darüber hinaus ergeben sich jedoch Implikationen, wie das generelle/globale Verschleißverhalten der Versuchsträger aussehen könnte, was u. a. relevant für die Entwicklung von Mean-Time-To-Failure Lebensdauermodellen ist.

4.3.2 Ergebnisse der Parameterschätzung

Analog zu Abschn. 4.2.3 **Evaluierung anhand simulierter Verschleißprozesse** wird im Folgenden die Parametrierung der Verschleißmodelle anhand der im Lebensdauerversuch generierten Messdaten der Aktoren 1, 2, 4, 9 und 10 betrachtet. Die Lebensdauerdaten wurden hierbei mit dem endlich-dimensionalen CS-Standardmodell sowie mit einem Random Demodulator, erkennbar am Index $(\cdot)_R$, komprimiert und unter Verwendung der Algorithmen 1 und 2 weiter verarbeitet.

Die Parameterschätzung erfolgte jeweils mittels Kalman- und Particle-Filter, um die Plausibilität der Schätzungen bewerten zu können. Als Kriterium für die Güte der Schätzung wird das Bestimmtheitsmaß R^2 zwischen Schätzung und Messung verwendet, welches für die Kalman-Filter-Ergebnisse in Abb. 4.11 als Box-Plot dargestellt ist. Der Übersichtlichkeit halber sind hier die Ergebnisse aller Aktoren zusammengefasst dargestellt. Eine Unterteilung erfolgt jedoch in die Art der HI-Generierung: $\mathcal{L}$ – CS Standardmodell und Logistische Regression, $\mathcal{L}_R$ – Random Demodulation und Logistische Regression, $\mathcal{D}$ – CS Standardmodell und Distanzmetrik, $\mathcal{D}_R$ – Random Demodulation und Distanzmetrik. Für den Kalman-Filter-basierten Ansatz ergeben sich Unterschiede hinsichtlich der eingesetzten HI-Generierung. So liefert eine Berechnung mittels Manhatten-Metrik etwas schlechtere Resultate als eine Berechnung mittels Logistischer Regression, was anhand eines kleineren R^2 ersichtlich ist.

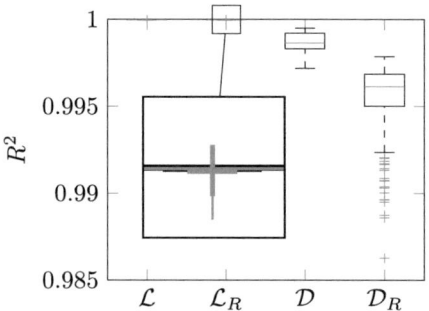

Abb. 4.11 R^2 Box-Plot der Kalman-Filter Schätzungen

Abbildung 4.12 zeigt Schätzungen des Driftkoeffizienten in Abhängigkeit vom gewählten Filterverfahren, dem zugrundeliegenden Health-Index sowie der normiert dargestellten Lebensdauer. Betrachtet man die Verläufe genauer, ist ersichtlich, dass nach einer Einschwingzeit von ca. 20 % der jeweiligen Gesamtlebensdauer beide Filter zu ähnlichen λ-Werten konvergieren.

4.3 Anwendung auf gemessene Lebensdauerdaten

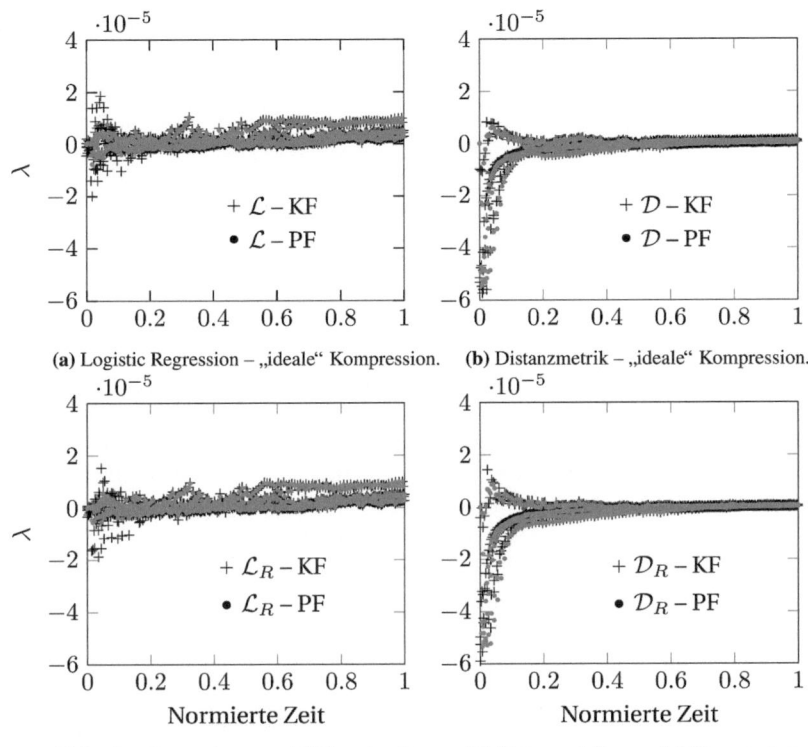

Abb. 4.12 Mittels Kalman- und Particle-Filter geschätzter Driftkoeffizient λ für HIs basierend auf „idealer" und mittels Random-Demodulation ($\mathcal{L}_R$ bzw. $\mathcal{D}_R$) umgesetzter Kompression

4.3.3 Diskussion der Ergebnisse

Grundlage der weiteren Arbeiten ist, dass die mittels Algorithmus 1 generierten Health-Indices anhand des GBM-Modells abgebildet werden können. Hierzu erfolgt zunächst eine qualitative Bewertung der berechneten Health-Indices, deren logarithmierte Darstellungen einen möglichst linearen Verlauf aufweisen sollten. Die Gegenüberstellungen aus Abb. 4.9 und 4.10 zeigen in diesem Zusammenhang, dass dies für die mittels Logistischer Regression generierte Health-Indices grundsätzlich der Fall ist, wobei die Art der Kompression – „ideal" oder „real" – zu vergleichbaren Ergebnissen führt.

Ein auf der Manhatten-Metrik bzw. der logarithmierten Schaltzeit basierender Health-Index führt hingegen, auf die Gesamtheit der Versuchsträger bezogen, zu weniger homogenen Verschleißverläufen, was maßgeblich durch individuelle Alterungsstartpunkte der jeweiligen Systeme hervorgerufen wird. Dies zeigt sich insbesondere im Bereich unterhalb von 50 % der normierten Lebensdauer und ist in Abb. 4.10 gut zu erkennen.

Eine quantitative Bewertung wird in Abb. 4.11 anhand des berechneten R^2 zwischen Messung und Schätzung vorgenommen. Die Ergebnisse des Kalman-Filters weisen hierbei für die Distanzmetrik basierten HIs ein etwas schlechteres Bestimmtheitsmaß im Vergleich mit den Ergebnissen des Logistic Regression HIs auf, was sich mit den Schlussfolgerungen der qualitativen Bewertung deckt.

Anhand der State- und Parameterschätzungen aus Abb. 4.12 kann zunächst abgeleitet werden, dass Kalman- und Particle-Filter zu vergleichbaren Ergebnissen konvergieren und die geschätzten Parameterwerte plausibel sind. Darüber hinaus ist erkennbar, dass die Schätzungen in einer vergleichbaren Größenordnung liegen und sich lediglich, abhängig vom betrachteten Aktor, geringfügig unterscheiden.

Die in den Distanzmetrik HIs prominent vorhandenen Einlaufvorgänge (siehe hierzu beispielsweise Abb. 3.14 sind ebenfalls in der Zustandsschätzung anhand einer ausgeprägten Konvergenzphase erkennbar. Dass sich die Logistic Regression und Manhattan-Metrik basierten Schätzungen sowie deren Verlauf über die Lebensdauer hinweg qualitativ derart deutlich unterscheiden, liegt maßgeblich daran, dass die zugrunde liegenden und die Daten generierenden Prozesse verschieden sind. Die genauen Zusammenhänge sind in Abschn. 4.1.2 **Simulation von Wiener-Prozessen** detailliert beschrieben.

4.4 Zusammenfassung

Zu Beginn des Kapitels erfolgt zunächst eine Einführung in die Modellierung der Brownschen Bewegung anhand von Wiener Prozessen. In diesem Zusammenhang werden nicht nur Indikatoren zur Applikation dieses Ansatzes diskutiert, sondern auch die entsprechenden Modellierungsmöglichkeiten genauer betrachtet. Hierbei werden neben linearen Modellen auch nicht-lineare Ansätze diskutiert.

Mittels einer kombinierten Zustands- und Parameterschätzung wird die Bestimmung der Modellparameter in Abhängigkeit der vorliegenden Lebensdauerdaten untersucht und zunächst anhand simulierter Verschleißdaten evaluiert und validiert. Eine Plausibilitätsprüfung der erzielten Ergebnisse wird durch den parallelen Einsatz eines Kalman- sowie eines Particle-Filters erreicht. Hier zeigt sich, dass der

4.4 Zusammenfassung

Algorithmus in der Lage ist, die bekannten Parameter der simulierten Prozesse zu schätzen und über die Lebensdauer hinweg zu tracken.

Die Anwendung des mittels Simulationen validierten Gesamtprozesses, bestehend aus Zustands- und Parameterschätzung, erfolgt anschließend auf die in den Lebensdauerversuchen gemessene Aktordaten. Da die geschätzten Parameter für die Berechnung der Restlebensdauer benötigt werden, kann eine abschließende und sinnvolle Bewertung der State- und Parameterschätzung erst anhand einer Gegenüberstellung der Schätzergebnisse mit den tatsächlich vorliegenden Restlebensdauern erfolgen. Diese Untersuchungen sind Gegenstand des nachfolgenden Kapitels.

In Bezug auf die in Abschn. 1.3 **Simulation von Wiener-Prozessen** formulierten Grundfragestellungen erfolgt eine positive Bewertung von Punkt 4 „*Kann der alterungsabhängige Verlauf des Indikators durch ein geeignetes Modell abgebildet werden?*" für die theoretisch simulatorischen Untersuchungen. Die Anwendbarkeit des Modells auf Realdaten kann wie bereits beschrieben, erst im Gesamtprozess abschließend bewertet werden.

Restlebensdauerschätzung 5

Zu Beginn des Kapitels werden Grundlegende Begriffe der Restlebensdauerschätzung eingeführt sowie der prognostischen Prozess in den Diagnosekontext eingeordnet und zentrale Bewertungsmetriken wie End-of-Useful Prediction, Prognostic Horizon und die α-Λ-Metrik vorgestellt. Die RUL-Schätzung basiert auf der First-Hitting-Time eines Wiener-Prozesses und wird zunächst an simulierten Daten, anschließend an komprimiert gesampelten Lebensdauerdaten und Health-Indizes evaluiert.

Eine Restlebensdauerschätzung ermöglicht es, Wartungs- und Instandhaltungsentscheidungen basierend auf einer umfassenden Risikoabschätzung zu treffen. Hierbei wird ein potentieller Ausfall einer unnötigen bzw. zu frühen Wartung gegenübergestellt [11, 16]. Dieser Ansatz führt nicht nur zu einer erhöhten Zuverlässigkeit des betrachteten Systems, sondern auch zu weniger Stillstandszeiten und reduzierten Kosten [1, 4, 14]. Wie in Abb. 5.1 dargestellt ist, kann ein prognostischer Prozess nach ISO 13381-1 in drei Levels unterteilt werden [5]. Die Schätzung eines Fehlerverlaufs bis zum Ausfallzeitpunkt ist Gegenstand der Level 1 Prognose[1].

---

[1]Häufig wird in der Fachliteratur nicht bzw. nur ungenügend, zwischen Prognose und Prädiktion (im Sinne von Vorhersage) unterschieden. So steht bei einer Prädiktion nicht das Konzept der RUL bzw. des EoL im Mittelpunkt, sondern die quantitative und/oder qualitative Vorhersage eines zukünftigen Verhaltens. Bei einer Prognose hingegen bedient man sich explizit eines Grenzwertes, dessen Überschreiten mit dem zu erwartenden EoL einhergeht. Hier kann entweder direkt das EOL oder die vollständige Trajektorie bis zum Erreichen des Grenzwertes geschätzt werden.

Ergänzende Information Die elektronische Version dieses Kapitels enthält Zusatzmaterial, auf das über folgenden Link zugegriffen werden kann https://doi.org/10.1007/978-3-658-50003-0_5.

Die Abschätzung von Einflüssen dieses Fehlers auf weitere Fehlerbilder ist das Ziel der Level 2 Prognose. Eine Level 3 Prognose zielt darauf ab, notwendige Schritte z. B. Anpassungen von Regelstrategien oder gezielte Wartungseinsätze zur Vermeidung weiterer Fehler zu bestimmen.

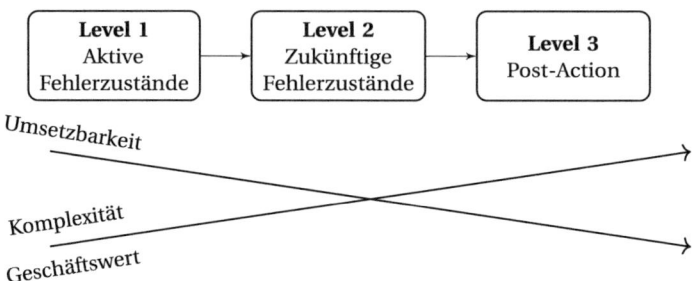

Abb. 5.1 Prognostische Levels nach [5]

Im State-of-the-Art wird größtenteils die Level 1 Prognose, also die Schätzung der RUL einer Komponente oder eines Systems betrachtet. Die Umsetzung einer Level 2 und 3 Prognose setzt eine detaillierte Kenntnis möglicher Fehlerfälle sowie deren Ursache-Wirkung-Beziehung und den daraus folgenden Wartungsmaßnahmen voraus [5], was die Realisierung eines funktionierenden Level-1-Frameworks zwingend notwendig macht.

Wie in Abschn. 1.1 **Thematische Einordnung** bereits erörtert wurde, existieren verschiedene Definitionen über den Zusammenhang von Diagnose und Prognose. Das methodische Vorgehen, wie es in Algorithmus (2) oder dem Flow-Chart aus Abb. 2.18 skizziert ist, entspricht hierbei Definition 1 und stellt eine Level-1 Prognose zur Schätzung der Restlebensdauer dar, die auf dem diagnostischen Prozess der Verschleißerkennung aufbaut.

Die Restlebensdauer beschreibt jene Zeit, die bis zum Ausfall noch bleibt, wobei der prognostische Prozess aus zwei konsekutiven Schritten besteht:

(1) RUL schätzen: *Es ist wahrscheinlich, dass die Komponenten für weitere n Stunden funktioniert bzw. wie hoch ist die Wahrscheinlichkeit, dass die Komponenten in n Stunden noch wie vorgesehen funktioniert?*
(2) Konfidenzintervall bestimmen: *Die Komponente könnte jedoch ebenso in n ± Δn Stunden ausfallen.*

Der prognostische Prozess unterliegt hierbei zeitabhängigen und gerichteten Änderungen, die maßgeblich durch den Verschleiß des überwachten Systems sowie Unbestimmtheiten hervorgerufen werden und direkte Auswirkungen auf Genauigkeit, Präzision und Konfidenz der Prognose haben. Als Genauigkeit wird in diesem Zusammenhang die Differenz zwischen geschätztem und realem Ausfallzeitpunkt bezeichnet. Präzision beschreibt die Weite des RUL-Intervalls und Konfidenz die Wahrscheinlichkeit, dass die RUL tatsächlich in diesem Intervall liegt.

Um etwaige Unbestimmtheiten, die durch Sensor- und Prozessrauschen, numerisches Rauschen sowie Serienstreuungen verursacht werden, abbilden zu können, wird die RUL mittels einer Probability Density Function (PDF) dargestellt [11, 133]. Mit voranschreitender Zeit und der Akkumulierung neuer Monitoring-Informationen wird die berechnete PDF in Bezug auf Genauigkeit und Konfidenz immer prononcierter, da die zugrunde liegenden Fehlermoden ebenfalls immer ausgeprägter werden, je mehr das betrachtete System verschleißt [134]. Da es abhängig von der betrachteten Applikation schwierig sein kann, funktionierende und geeignete Prognoseansätze zu identifizieren, wird in [10] empfohlen, nur jene Verfahren zu betrachten, die am ehesten geeignet sind, das vorliegende Problem zu lösen: „Find out which prognostic approaches won't work for the application and concentrate on those that will most likely work.". Um die erzielten Ergebnisse schlussendlich bewerten zu können, wurde in [135] und [136] ein Framework vorgestellt, das eine Quantifizierung anstelle der bisher nur qualitativen Bewertung ermöglicht. Die für diese Arbeit relevanten Ansätze werden im folgenden Abschnitt noch genauer betrachtet. Zunächst soll jedoch kurz der sogenannte RUL-Plot erläutert werden, da die im Weiteren eingesetzten Bewertungsmetriken darauf aufbauen.

Grundkonzept ist, dass die Resultate einer Restlebensdauerschätzung über der fortschreitenden Zeit aufgetragen werden. Mit bekanntem EoL ergibt sich für die tatsächliche Restlebensdauer eine Gerade mit Steigung $m = -1$, welche die Abszisse exakt beim EoL schneidet. In Abb. 5.2 ist exemplarisch eine Referenzgerade sowie ein fiktives Schätzergebnis dargestellt. Anhand der Verläufe der geschätzten RUL können Charakteristika der gewählten Implementierung qualitativ wie auch quantitativ verglichen werden. Für diese Art der Aufbereitung muss das tatsächliche Lebensdauerende jedoch zwingend aus Real- oder Prüfstanddaten bekannt sein, weshalb der Ansatz lediglich für ein Post-Processing geeignet ist und ein intuitives Werkzeug für die Entwicklung und den Vergleich von Schätzalgorithmen darstellt.

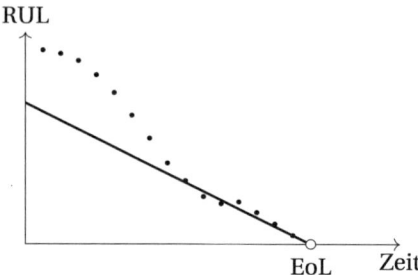

Abb. 5.2 Prinzipdarstellung eines RUL-Plots

5.1 Bewertung und Modellierung von Restlebensdauerschätzungen

Bewertungskriterien, wie sie in [135] beschrieben werden, basieren meist auf einer Auswertung von Genauigkeit und Präzision, welche für die Analyse von Algorithmen nicht geeignet sind, bei denen kontinuierlich neue Daten aufgezeichnet und zu einer neuen Lebensdauerschätzung weiterverarbeitet werden. Dies liegt maßgeblich an einer gleichberechtigten Berücksichtigung aller Prognoseschritte, was zu einer Verzerrung der Ergebnisse führt, da frühe Lebensdauerschätzungen mit einem größeren Fehler belegt sind als späte. Allerdings stehen mit neuen Messdaten auch neue Informationen über den Alterungsverlauf zur Verfügung mit denen die Prognose angepasst und verbessert werden kann, weshalb dieselben Autoren in [137] und [136] weitere Metriken vorschlagen, welche die beschriebene Problematik berücksichtigen. Sie sollen im Folgenden kurz betrachtet und in Kontext mit dem weiteren Vorgehen gesetzt werden.

5.1.1 Prognostischer Horizont und End-of-Useful Prediction

Als prognostischer Horizont (PH) wird diejenige Zeit t_{PH} bezeichnet, bei der die Restlebensdauerschätzung bei bekanntem EoL in ein α-Toleranzband eintritt und dieses nicht mehr verlässt. α wird hierbei durch den Systemdesigner vorgegeben und hängt von den Anforderungen ab, die der Prognoseansatz hinsichtlich Konvergenzgeschwindigkeit und Robustheit erfüllen soll.

5.1 Bewertung und Modellierung von Restlebensdauerschätzungen

$$t_{PH} = t_{EoL} - t_i, \text{ mit } t_{EoL} = \inf\{t | X(t) \leq \omega\} \quad (5.1)$$
$$\text{und } t_i = min\{i \mid (i \in P) \wedge (r(1-\alpha) \leq \hat{r}_i \leq r(1+\alpha))\}$$

P ist die Gesamtheit der Prognosezeitschritte, $\hat{r}_i$ ist die Restlebensdauerschätzung zum Zeitpunkt i und r beschreibt die Ground-Truth RUL. Als End of Useful Prediction (EoUP) wird die minimale Zeitdifferenz zwischen dem EoL und der Zeit bezeichnet, die nötig ist, um sinnvoll Maßnahmen zu ergreifen, welche das System vor einem Ausfall schützen [136]. Um stets eine ausreichende Reaktionszeit zur Verfügung zu haben, sollte also der prognostische Horizont größer als das EoUP gewählt werden.

$$\lim_{r \to 0} t_{PH} = t_{EoUP} \quad (5.2)$$

Darüber hinaus ist die Aussagekraft von Restlebensdauerschätzungen nachdem das EoUP überschritten wurde als gering anzusehen, da die minimale Vorlaufzeit – welche maßgeblich von der jeweiligen Anwendung abhängt – dann schon unterschritten wäre. Relevant für die weiteren Betrachtungen ist an dieser Stelle jedoch nur der PH, da hierüber schlussendlich bestimmt wird, wie weit der Schätzalgorithmus „in die Zukunft" schauen kann und gleichzeitig sinnvolle Ergebnisse liefert. Abbildung 5.3 zeigt den Zusammenhang aller drei Kenngrößen anhand einer fiktiven Restlebensdauerschätzung.

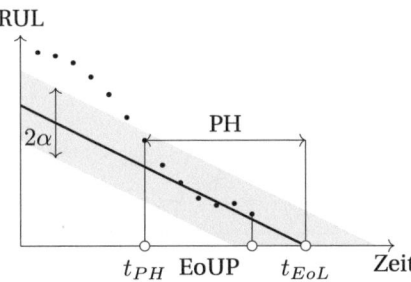

Abb. 5.3 Prognostischer Horizont, End-of-Life und End-of-useful-Prediction

5.1.2 α-Λ-Metrik

Die sog. α-Λ-Metrik[2] [137] stellt eine Verschärfung der vorangegangenen Kriterien dar, da hier kein Toleranzband, sondern der in Abb. 5.4 dargestellte Toleranzkonus eingehalten werden muss. Der Parameter α wird hier ebenfalls vorgegeben, hängt jedoch mit der Differenz zwischen tatsächlicher RUL und dem Zeitpunkt der Schätzung t_{Λ_i} zusammen. Zu jedem Zeitpunkt t_{Λ_i} wird durch die Metrik aus Gl. (5.3) eine binäre Aussage generiert (1 – erfüllt die Anforderungen, 0 – liegt ausserhalb des Konus). Bezogen auf die Algorithmenentwicklung sind Schätzungen erstrebenswert, die, wenn ein mal in den Toleranzkonus eingetreten, diesen nicht mehr verlassen. Da die Zeitpunkte t_{Λ_i} relativ zum EoL angegeben werden (siehe Beispiel in Abb. 5.4 mit einem Λ von 50 % und 75 %), kann anhand der α-Λ-Metrik ein Vergleich von Algorithmen unabhängig von der tatsächlichen Lebensdauer der Komponente durchgeführt werden.

$$\alpha\text{-}\Lambda\text{-Metrik} = \begin{cases} 1 & \text{wenn } (1-\alpha)r_{\Lambda_i} \leq \hat{r}_{\Lambda_i} \leq (1+\alpha)r_{\Lambda_i} \\ 0 & \text{sonst} \end{cases} \quad (5.3)$$

r_{Λ_i} – Tatsächliche RUL zum Zeitpunkt t_{Λ_i} \hfill (5.4)

$\hat{r}_{\Lambda_i}$ – Geschätzte RUL zum Zeitpunkt t_{Λ_i}

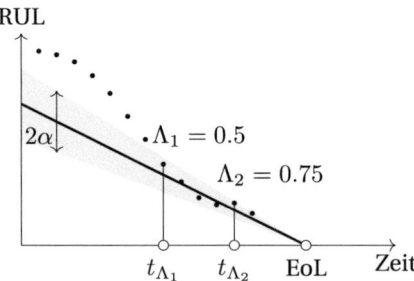

Abb. 5.4 α-Λ-Metrik für die Bewertung von Prognosealgorithmen

---

[2] In [137] als α-λ-Metrik eingeführt. Um Verwechslungen mit dem Driftkoeffizienten λ eines Wiener-Prozesses vorzubeugen, wird im Folgenden die Bezeichnung α-Λ verwendet.

5.1.3 Modellierung der Restlebensdauer

Abbildung 5.5 zeigt die Monte-Carlo-Simulation eines driftenden Wiener Prozesses, welcher unter Verwendung von Gl. (4.10) mit einem Brownian-Motion Rauschterm ϵ_{BM} generiert wurde ($\mu(t, \Omega) = 1, \lambda = 0.1, \sigma^2 = 0.75$, 1000 Realisierungen). Um die Darstellung übersichtlich zu halten, sind lediglich die beiden Grenzkurven abgebildet, wobei alle restlichen Realisierungen des Prozesses in der grau eingefärbten Fläche verlaufen. Hierbei erfolgen im Intervall zwischen den Grenzwertübertritten der Grenzkurven auch alle weiteren Überschreitungen, allerdings zu unterschiedlichen Zeitpunkten, woraus sich das ebenfalls dargestellte Histogramm ergibt.

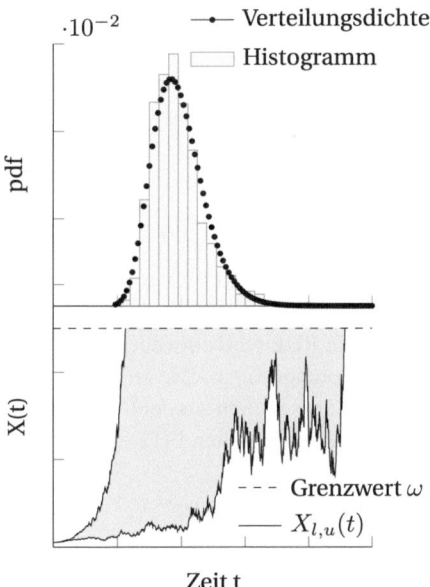

Abb. 5.5 Wiener-Prozess mit Histogramm und Fit der Grenzwertüberschreitungen, die einer inversen Gauß-Verteilung folgen

Die im Zusammenhang mit driftenden Wiener-Prozessen als First-Hitting-Time (FHT) bezeichnete Verteilung folgt einer inversen Gauß-Verteilung [138] und ist in der Abbildung als gefittete Verteilungsdichte dargestellt.

Die allgemeine Form einer inversen Gauß-Verteilung ist gemäß Gl. (5.5) definiert und besitzt die Parameter Ereignisrate $\alpha > 0$ und Mittelwert $\beta > 0$.

$$f(x) = \begin{cases} \sqrt{\frac{\alpha}{2\pi x^3}} \exp\left(-\frac{\alpha(x-\beta)^2}{2x\beta^2}\right), & x > 0 \\ 0, & x \leq 0 \end{cases} \quad (5.5)$$

Wie sich anhand des Simulationsbeispiels aus Abb. 5.5 ableiten lässt, hängt die FHT mit dem gewählten Grenzwert ω sowie mit den Parametern des zugrunde liegenden Wiener-Prozesses λ und σ zusammen.

$$\text{FHT} \sim \mathcal{IG}\left(\frac{\omega}{\lambda}, \frac{\omega^2}{\sigma^2}\right) \quad (5.6)$$

Für Wiener-Prozesse mit linearem Drift ergibt sich die FHT-Verteilung mit den Condition Monitoring Information x_i zum Zeitpunkt t_i sowie einem arbiträren Grenzwert ω zu [123, 139]:

$$f(t_i|x_i) = \frac{\Delta\omega}{\sqrt{2\pi\Delta t^3\sigma^2}} \exp\left(-\frac{(\Delta\omega - \lambda\Delta t)^2}{2\sigma^2\Delta t}\right) \quad (5.7)$$

mit $\Delta\omega = \omega - x_i$ und $\Delta t = t - t_i$.

Als robuster Schätzwert für die RUL wird entweder der Median oder das Maximum der berechneten Verteilung herangezogen. Die zu erwartende Restlebensdauer R_i aus Gl. (5.8) berechnet sich schlussendlich aus der Differenz zwischen dem aktuellen Monitoring-Zeitpunkt t_i und der ermittelten FHT [118].

$$R_i = \inf\{r_i \,:\, X(t_i + r_i) \geq \omega \mid X_{1:i}, r_i > 0, \forall 1 \leq j \leq i, x_j < \omega\} \quad (5.8)$$

5.2 Anwendung der Restlebensdauerschätzung

Der vollständige prognostische Prozess – bestehend aus State- und Parameterschätzung mit nachfolgender Restlebensdauerschätzung – wird zunächst anhand simulierter Daten evaluiert. So soll einerseits die grundlegende Funktionsweise demonstriert und andererseits eine fehlerfreie Implementierung sichergestellt werden. Anschließend erfolgt die Anwendung des Prozesses auf die im Lebensdauerversuch generierten Realdaten. Die Visualisierung der erzielten Ergebnisse erfolgt maßgeblich anhand der Darstellungsformen aus Abb. 5.6:

1. Plot des mittels Algorithmus 1 generierten Health-Index.
2. α-Λ-Plot der Restlebensdauerschätzung nach Algorithmus 2.
3. 3D-Plot der geschätzten Restlebensdauerverteilungsdichte.

5.2.1 Betrachtung simulierter Verschleißprozesse

Für die simulatorische Betrachtung der Verschleißprozesse kommen IID verteilte sowie brownsche Rauschterme zum Einsatz, deren Realisierungen jeweils mit den in Tab. 5.1 gelisteten Diffusions- und Driftkoeffzienten sowie dem GBM-Modell aus Gl. (4.4) bzw. dessen Approximation aus Gl. (4.10) generiert wurden.

Tab. 5.1 Parameter der unterschiedlichen Verschleißsimulationen.

Rauschterm	λ	σ_{low}	σ_{high}
ϵ_{IID}	1	0.025	0.125
ϵ_{BM}	1	0.025	0.075

In Abb. 5.6a sind zwei Realisierungen des Prozesses mit Rauschterm ϵ_{IID} dargestellt, die bis zum Überschreiten eines definierten Grenzwertes simuliert wurden. Um eine Unterscheidbarkeit der beiden Prozesse erzielen zu können, musste der Parameter σ_{high} im Verhältnis zu σ_{low} deutlich größer gewählt werden, als dies für die Simulationen mit ϵ_{BM} nötig war.

Betrachtet man jedoch den Plot der zugehörigen Restlebensdauerschätzung aus Abb. 5.6b, zeigen sich deutlichere Unterschiede hinsichtlich der Konvergenzgeschwindigkeit sowie der Einhaltung der α-Λ-Metrik (erfüllt – ■, nicht erfüllt – □). Für ein kleines σ_B ist der Schätzalgorithmus bereits ab t_0 in der Lage, die Restlebensdauer unter Erfüllung der α-Λ-Metrik zu ermitteln, wohingegen die Simulation mit hohem σ_B erst ab ca. 50 % der Lebensdauer valide Ergebnisse generiert. Ein direkter Vergleich der generierten RUL Wahrscheinlichkeitsverteilungen aus Abb. 5.6c zeigt, dass sich der größere Diffusionskoeffizient in breiteren Verteilungen niederschlägt und damit zu höherer Unsicherheit hinsichtlich der RUL-Schätzung führt.

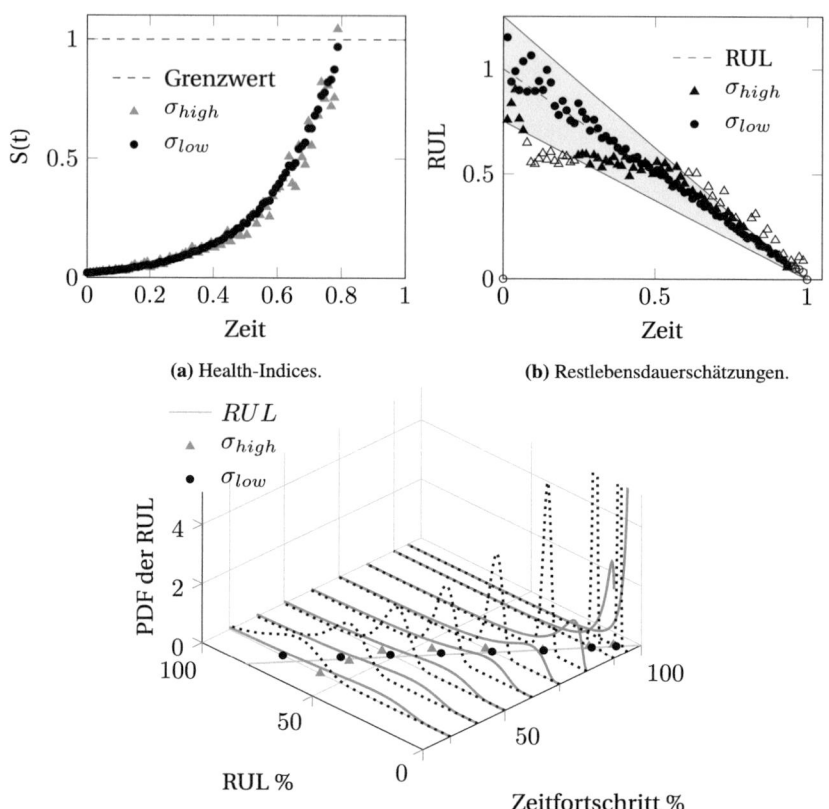

(a) Health-Indices. (b) Restlebensdauerschätzungen.

(c) PDFs der First-Hitting-Times sowie deren projizierte Maxima.

Abb. 5.6 RUL-Schätzung für Wiener-Prozesse mit IID-verteiltem Rauschen

Die PDF für den kleineren Diffusionskoeffizienten hingegen ist prononcierter und ermöglicht dadurch eine Schätzung mit höherer Konfidenz. Zwar handelt es sich bei den hier betrachteten Beispielen um eine starke Vereinfachung mit wenig Praxisrelevanz, jedoch kann anhand eines derart idealisierten Verschleißmodells der Einfluss des Diffusionskoeffizienten auf die erzielbare Prognosequalität gut visualisiert werden.

Realistischere Verschleißprofile lassen sich generieren, wenn anstatt IID verteiltem Rauschen ein brownscher Rauschterm mit ausreichend großem σ_B eingesetzt wird. Die entsprechenden Realisierungen sind in Abb. 5.7a dargestellt und bilden im

5.2 Anwendung der Restlebensdauerschätzung

qualitativen Vergleich mit den Lebensdauerexperimenten aus Abschn. 3.1 **Beschreibung der Lebensdauerdatensätze** eine sinnvollere Basis für eine Abschätzung der zu erwartenden Ergebnisse.

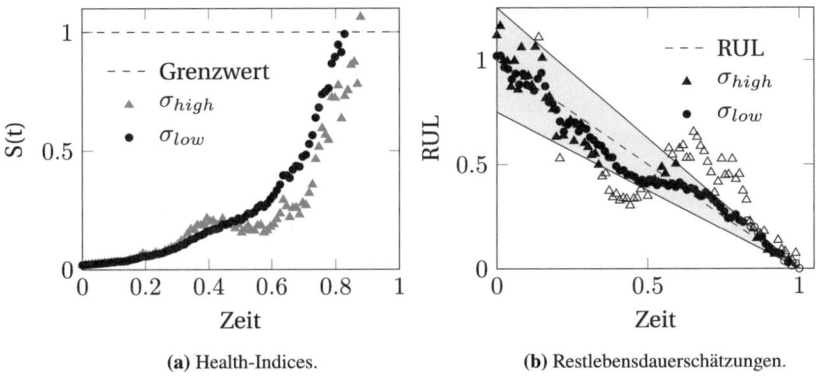

(a) Health-Indices.   (b) Restlebensdauerschätzungen.

Abb. 5.7 RUL-Schätzung für Wiener-Prozesse mit BM-verteiltem Rauschen

So zeigt sich besonders für die Realisierung mit großem Diffusionskoeffizienten σ_{high}, dass ein verlangsamter und anschließend erneut beschleunigter Verschleiß – ersichtlich in Abb. 5.7a und Abb. 5.7b im Bereich zwischen ca. 0.4 und 0.65 der normierten Zeitachse – zu Restlebensdauerschätzungen mit deutlich geringerem prognostischen Horizont führt. Dies ist einerseits den größeren Unbestimmtheiten in der Parameterschätzung und der damit verbundenen Aufweitung der Restlebensdauerverteilungen geschuldet sowie andererseits dem adaptiven Charakter der algorithmischen Implementierung, welche sich dynamisch an Änderungen im Verschleißverlauf anpasst. Bei einem Verschleißprozess, der starken Schwankungen in Form von Erholungsprozessen oder variierender Verschleißgeschwindigkeiten unterliegt, ist demnach erst nahe dem realen Lebensdauerende mit belastbaren RUL Schätzungen zu rechnen. Die Anwendbarkeit des entwickelten Algorithmus auf die Applikation ist hier schlussendlich in Abhängigkeit der Anforderungen an Vorlaufzeit, Sicherheit und Kosten zu treffen. Für die in Abb. 5.6 und 5.7 vorgestellten Simulationsergebnisse wurde für die Berechnung der FHT jeweils die geschätzte Steigung $\lambda = \hat{\lambda}_i$ zum Monitoring-Zeitpunkt t_i verwendet. Bei sehr volatilen Verschleißprozessen kann dieses Vorgehen – wie zuvor bereits angemerkt – zu stark schwankenden Restlebensdauerschätzungen führen, wie dies beispielsweise beim simulierten Verschleißverlauf mit brownschem Rauschterm aus Abb. 5.7b der Fall ist. Wird hier jedoch der geschätzte initiale Driftkoeffizient λ_0 bzw. dessen Erwartungswert μ_0 verwendet, lässt sich eine substantielle Verbesserung der geschätzten Restlebensdauer erzielen. In diesem Zusammenhang sei auf die Erläuterungen zur Parameterschätzung aus Abschn. 4.2.1 **Parameterschätzung** sowie die betrachteten Simulationsstudien aus Abschn. 4.2.3 **Evaluierung anhand simulierter Verschleißprozesse** verwiesen.

In Abb. 5.8a ist erneut der mit σ_{high} simulierte Prozess aus Abb. 5.7a dargestellt, wobei nun jeweils eine Restlebensdauerschätzung mit $\hat{\lambda}_i$ und eine mit μ_0 durchgeführt wurde. Es zeigt sich, dass mit $\lambda = \mu_0$ ein stabileres Tracking der tatsächlichen Restlebensdauer erfolgt und die Schätzung entweder häufiger im α-Λ-Konus liegt oder sich weniger weit davon entfernt, was sich im Bereich von 40 bzw. 70% der Gesamtlebensdauer zeigt. Die erhöhte Robustheit lässt sich maßgeblich damit begründen, dass μ_0 anhand des RTS-Smoother [132] gefilterten Driftkoeffizienten iterativ bei jeder aktualisierten Schätzung bzw. jeder neuen Messung aktualisiert wird [129].

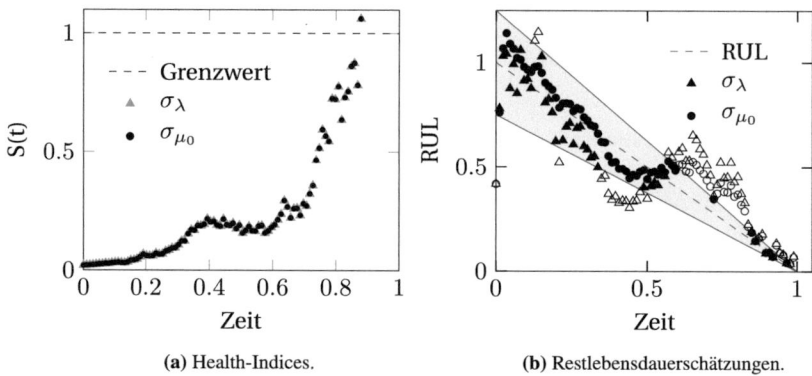

(a) Health-Indices.   (b) Restlebensdauerschätzungen.

Abb. 5.8 RUL-Schätzung für Wiener-Prozesse mit BM-verteiltem Rauschen

5.2.2 Betrachtung gemessener Lebensdauerdaten

Das Hauptaugenmerk der folgenden Ausführungen soll darauf liegen, ob und unter welchen Voraussetzungen Compressed Sensing basierte Health-Indices vergleichbare Restlebensdauerschätzungen zu jenen des Ground-Truths liefern. Eine bestmögliche Vergleichbarkeit soll dadurch erzielt werden, dass der Restlebensdauerschätzung das jeweilige Eingangssignal präsentiert wird, ohne die Parametrierung oder Konfiguration anzupassen.

5.2 Anwendung der Restlebensdauerschätzung

Gemäß der zu Beginn des Kapitels erläuterten Abbildungsstrukturierung werden in Sub-Plot (a) die generierten Logistic-Regression- und Distanzmetrik-HIs gemeinsam mit der Schaltzeit als Ground-Truth dargestellt. Die Ordinate ist hierbei logarithmiert, da Unterschiede in den Verläufen so besser visualisiert werden können. Als Referenz dient der gestrichelt dargestellte Grenzwert von 1, was 100 % Verschleiß bzw. dem EoL entspricht. Der in den Abbildungen 5.9a oder 5.13a ersichtliche Offset von $5 \cdot 10^{-3}$ wurde für die Parametrierung des Neuzustandes der Logistischen Regression eingeführt, um die numerische Stabilität während der Modellidentifikation zu verbessern. In Sub-Plot (b) erfolgt die Darstellung der anhand von Logistic-Regression, Distanzmetrik und Schaltzeit generierten Restlebensdauerschätzungen sowie deren Vergleich mit der α-Λ-Metrik. In Sub-Plot (c) werden die der Restlebensdauerschätzung zugrunde liegenden PDFs sowie deren projizierte Maxima dargestellt, wobei der Übersichtlichkeit halber auf die Visualisierung der Schaltzeit-basierten Restlebensdauerschätzung verzichtet wird.

Die Quantifizierung zufälliger Einflüsse auf die Generierung der Compressed Sensing basierten Health-Indices erfolgt, ähnlich zu Abschn. 3.3 **Anwendung auf gemessene Lebensdauerdaten**, mittels Monte Carlo Simulationen. In den Sub-Plots (a) und (b) der folgenden Abbildungen sind jeweils die resultierenden Grenzkurven dargestellt, wobei sich die Ergebnisse aller weiteren Simulationen innerhalb dieser Kurven bzw. den grauen Flächen bewegen. Die ermittelte Schaltzeit unterliegt lediglich einem Quantisierungsrauschen bzw. der Robustheit der Schaltzeitdetektion[3], deren Gesamteinfluss auf die Restlebensdauerschätzung als vernachlässigbar angesehen wird. Auf eine Untersuchung mittels Monte Carlo Simulationen wird deshalb verzichtet und lediglich der „gemessenen" Verlauf τ sowie die hierauf basierende Restlebensdauerschätzung dargestellt.

Abbildung 5.9a zeigt die für Aktor 10 generierten Compressed-Sensing Health-Indices im Vergleich mit dessen Schaltzeit. Bis auf eine im Bereich um 20 % der Lebensdauer auftretende gegenläufige Bewegung zwischen τ^{10} und $\mathcal{D}^{10}$ kann eine gute Korrelation beider Kurven erzielt werden. Vergleichbare Aussagen lassen sich für die Distanzmetrik- und Schaltzeitverläufe der Aktoren 2, 4 und 9 aus Abb. 5.14 treffen. Prinzipbedingt unterscheidet sich der qualitative Verlauf des Logistic-Regression HI $\mathcal{L}$ deutlich von denen der anderen HIs, was sich in der resultierenden Restlebensdauerschätzung niederschlägt.

---

[3] Erkennung der Einschnürung im Stromverlauf $i(t)$ der Anzugsphase, die mit dem Ende der Hubbewegung des Ankers korreliert. Siehe hierzu Abschn. 2.1.1 **Aufbau und Funktion**.

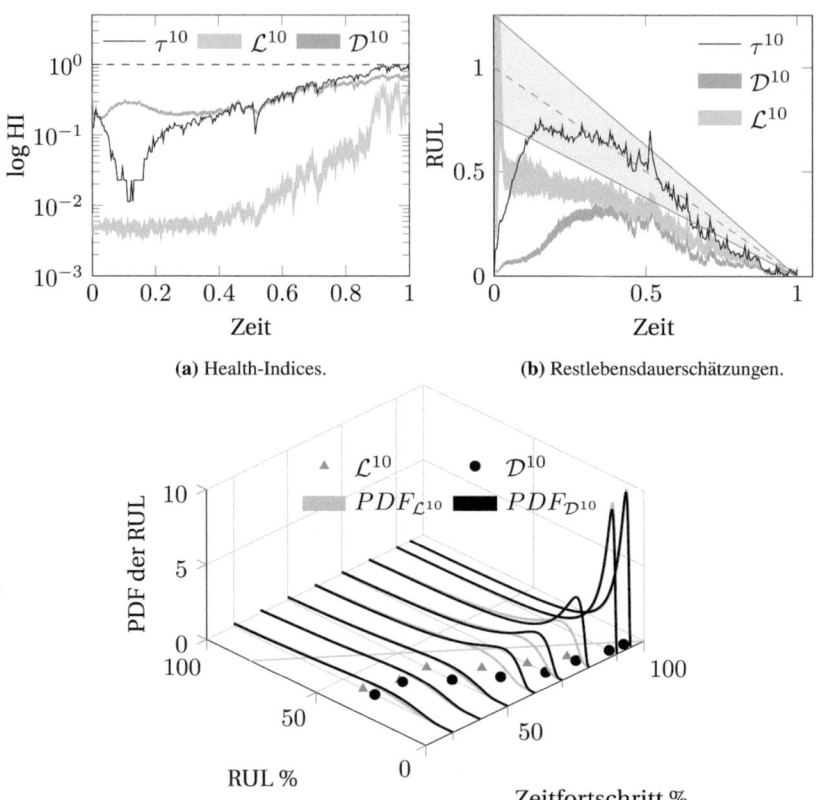

(a) Health-Indices.

(b) Restlebensdauerschätzungen.

(c) PDFs der First-Hitting-Times sowie deren projizierte Maxima.

Abb. 5.9 RUL-Schätzung für Aktor 10 basierend auf $\hat{\lambda}_i$

Ein Vergleich der RUL-Schätzungen aus Abb. 5.9b und 5.9c, die unter Verwendung der Prozesssteigung $\hat{\lambda}_i$ berechnet wurden, zeigen zunächst, dass die auf Basis der Schaltzeit generierten Ergebnisse die tatsächliche Restlebensdauer gut wiedergeben. Die Trajektorie tritt bereits nach ca. 10 % der Lebensdauer in den α-Λ-Konus ein, verlässt diesen jedoch mit zunehmender Alterung erneut, was speziell gegen Ende des Versuchs zu einer Unterschätzung der noch verbleibenden Lebensdauer führt. Der Distanzmetrik basierte Compressed Sensing HI unterschätzt, trotz guter Korrelation mit dem Ground-Truth, die RUL über den gesamten Versuch hinweg und weist darüber hinaus eine deutlich längere Konvergenzphase in Richtung α-Λ-

5.2 Anwendung der Restlebensdauerschätzung

Konus auf. Ab ca. 80 % der Lebensdauer liefern zwar alle drei Ansätze vergleichbare Ergebnisse, jedoch liegen die Schätzungen unterhalb des α-Λ-Konus, was zu einer Unterschätzung der RUL führt.

Die auf μ_0 basierende Restlebensdauerschätzung für Aktor 10 ist in Abb. 5.10 zu sehen. Hier zeigt sich im Vergleich mit der auf $\hat{\lambda}_i$ basierenden Schätzung eine Verbesserung der Ergebnisse dahingehend, dass ein stabileres Tracking der RUL sowie eine gute Übereinstimmung zwischen τ^{10} und $\mathcal{L}^{10}$ erzielt werden kann. Dies deckt sich mit den in Abschn. 5.2.1 **Betrachtung simulierter Verschleißprozesse** generierten Simulationsergebnissen und Ausführungen.

Die auf $\mathcal{D}$ basierenden Ergebnisse weisen zwar erneut eine langsame Konvergenz sowie eine Unterschätzung der Restlebensdauer auf, jedoch besteht ab ca. 50 % Lebensdauer eine gute Korrelation aller Verfahren, was sich ebenfalls mit den in Abb. 5.9 vorgestellten Resultaten deckt. Auf die Darstellung der HI-Verläufe wurde an dieser Stelle verzichtet, da sie jenen aus Abb. 5.9a entsprechen.

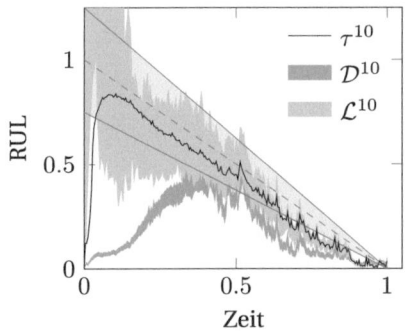

Abb. 5.10 RUL-Schätzung für Aktor 10 basierend auf μ_0

In Abschn. 4.3.2 **Ergebnisse der Parameterschätzung** wurde bereits der Einfluss eines „praxisnahen" Sampling mittels Random Demodulator auf die State- und Parameterschätzung betrachtet. Hier hat sich gezeigt, dass, bedingt durch die in Abschnitt 2.2.2 **Praxisnahe Messsysteme** beschriebenen Eigenschaften, mit einem leicht schlechteren Tracking des HIs bzw. mehr Unsicherheit bei der Parameterschätzung zu rechnen ist. Ein visueller Vergleich der Unterschiede ist in Abb. 5.11 anhand der Gegenüberstellung von idealem und „praxisnahem" Sampling in Abhängigkeit der verwendeten geschätzten Prozesssteigung gegeben. Es zeigt sich, dass der Einsatz eines Random Demodulators zu stärker fluktuierenden Restlebensdauerschätzungen führt, was sich insbesondere bei den Distanzmetrik-basierten HIs aus Abb. 5.11c und Abb. 5.11d beobachten lässt. Darüber hinaus zeigt ein direkte Vergleich aller vier Darstellungen, dass die mittels μ_0 generierten HIs aus Abb. 5.11b die Restlebensdauer bzw. die anhand von τ generierte Schätzung am besten widerspiegeln und am häufigsten im oder nahe am α-Λ-Konus liegen.

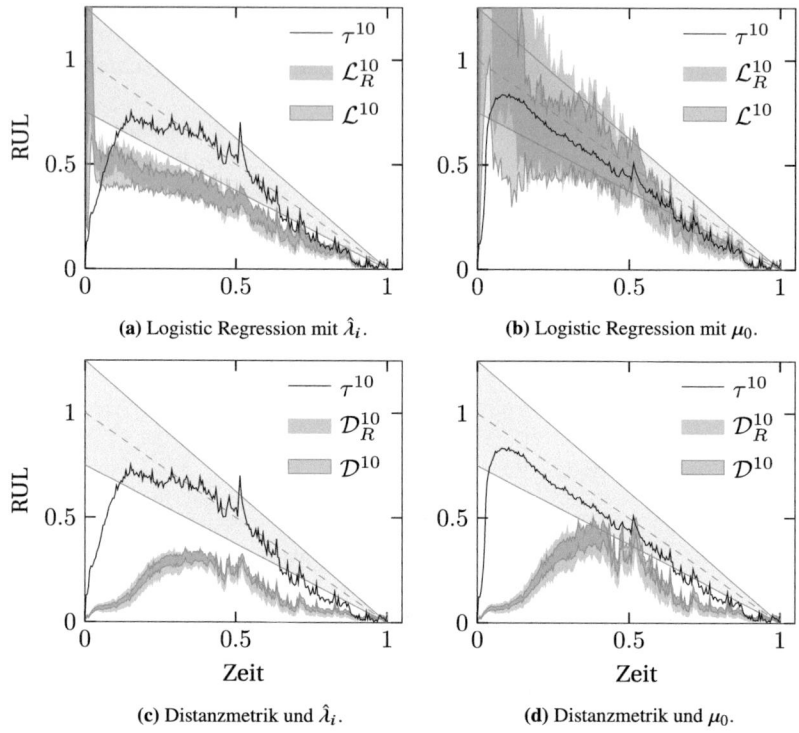

(a) Logistic Regression mit $\hat{\lambda}_i$.

(b) Logistic Regression mit μ_0.

(c) Distanzmetrik und $\hat{\lambda}_i$.

(d) Distanzmetrik und μ_0.

Abb. 5.11 RUL-Schätzung für Aktor 10 basierend auf $\hat{\lambda}_i$ bzw. μ_0 sowie unter Verwendung idealer und „praxisnaher" Messsysteme. Letztere sind mittels Index R in der Legende kenntlich gemacht

Wie in Abb. 5.12 dargestellt ist, reproduzieren die auf der Logistischen Regression basierenden HIs, insbesondere unter Verwendung von μ_0, auch für Aktor 1 die aus der Schaltzeit berechneten Restlebensdauerschätzungen am besten. Trotz einer guten Übereinstimmung von Schaltzeit und Distanzmetrik basiertem HI unterschätzen dessen Trajektorien die tatsächliche RUL über die gesamte Lebensdauer hinweg (siehe hierzu Abb. 5.13a). Erst gegen Ende der Lebensdauer – ab ca. 70 % – kon-

5.2 Anwendung der Restlebensdauerschätzung

vergieren die Distanzmetrik basierten HIs $\mathcal{D}$ und $\mathcal{D}$ gegen den α-Λ-Konus und produzieren akzeptable Schätzergebnisse.

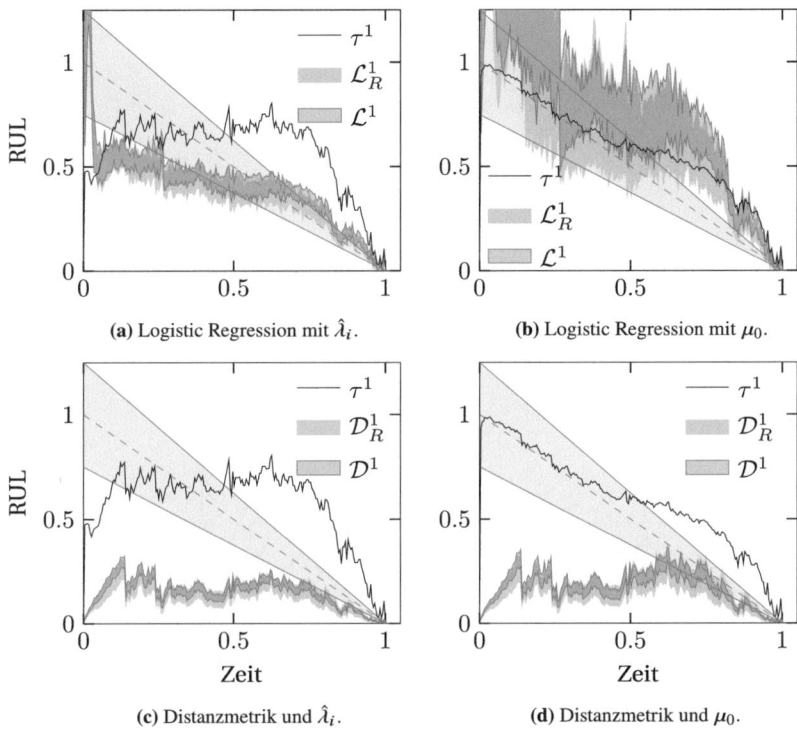

Abb. 5.12 RUL-Schätzungen für Aktor 1 basierend auf $\hat{\lambda}_i$ bzw. μ_0 sowie unter Verwendung eines idealen und eines praxisnahen Messsystems. Letztere Ergebnisse sind mittels Index R in der Legende kenntlich gemacht

Die direkte Gegenüberstellung aller Verfahren aus Abb. 5.13 zeigt, dass unter Verwendung von $\hat{\lambda}_i$ alle drei HIs zu jedem Punkt entlang der Zeitachse deutlich voneinander abweichende RUL-Schätzungen generieren. Die Konvergenz zur tatsächlichen RUL setzt jedoch mit einer Steigungsänderung der logarithmierten HIs bei ca. 70 % Restlebensdauer ein, die sich besonders gut anhand des Knicks im Verlauf des Logistic Regression HIs aus Abb. 5.13a erkennen lässt.

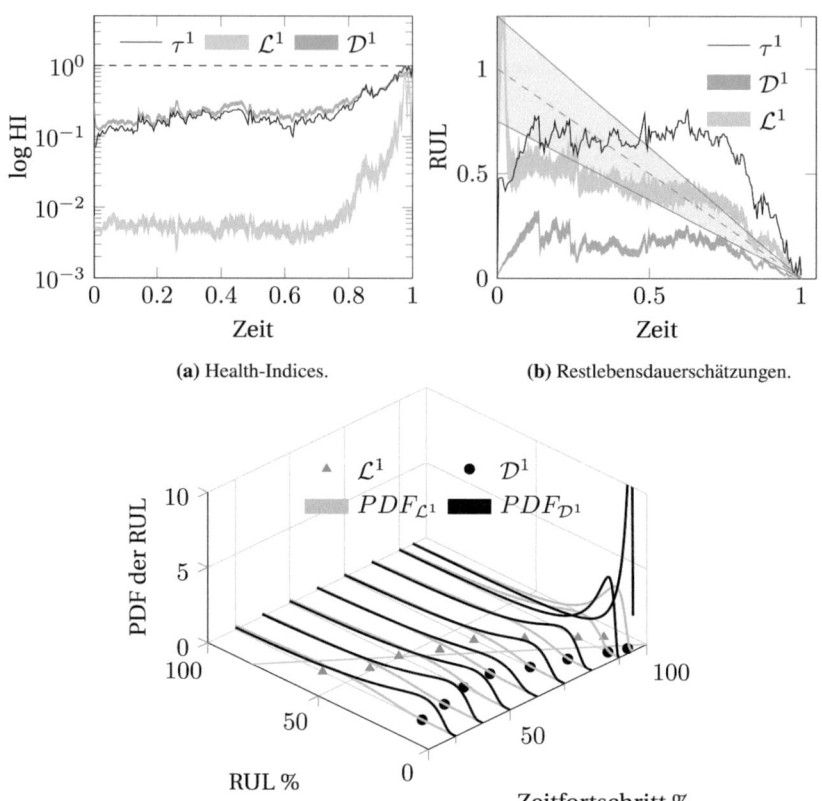

(a) Health-Indices.

(b) Restlebensdauerschätzungen.

(c) PDFs der First-Hitting-Times sowie deren projizierte Maxima.

Abb. 5.13 RUL-Schätzung für Aktor 1 basierend auf $\hat{\lambda}_i$

Ab diesem Zeitpunkt setzt ein beschleunigter Verschleiß ein, der schlussendlich zum Überschreiten des gewählten Grenzwertes führt. Für die bisher betrachteten Aktoren 1 und 10 stellt dies per Definition das EoL und damit den Bezugspunkt der Restlebensdauerschätzung dar.

Die im Folgenden vorgestellten Ergebnisse der Aktoren 2, 4 und 9 erfordern jedoch eine genauere Betrachtung der Health-Index- und RUL-Trajektorien, um die Resultate korrekt interpretieren zu können. So weisen die in der linken Spalte von Abb. 5.14 dargestellten Health-Indices zwar den bereits beschriebenen Grenzwertübertritt zum normierten Zeitpunkt $t = 1$ auf, jedoch weichen die hieraus

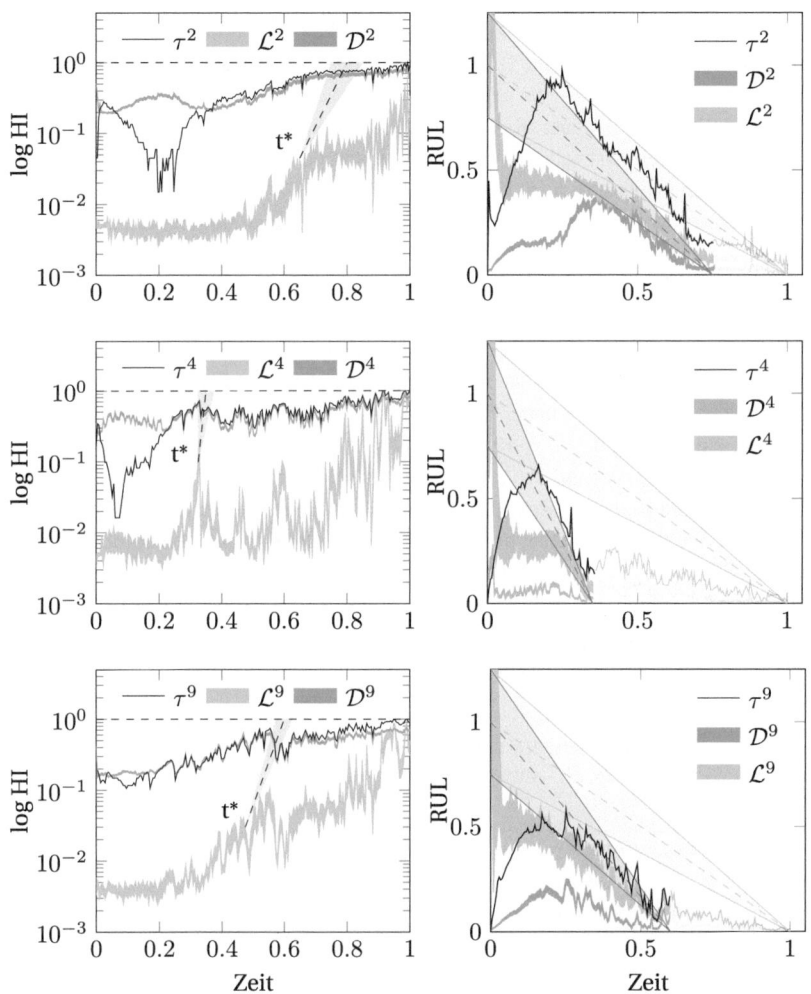

(a) Compressed Sensing basierte Health-Indices im Vergleich mit der Schaltzeit. (b) RUL-Schätzungen mit τ, $\mathcal{D}$ und $\mathcal{L}$ als Input.

Abb. 5.14 Ergebnis der RUL-Schätzung der Aktoren 2, 4 und 9 basierend auf $\hat{\lambda}_i$ und dem Compressed Sensing Standardmodell

generierten Restlebensdauerschätzungen von den bisher erzielten Ergebnissen ab. Dies zeigt sich – abgesehen von Trajektorie τ^2, die eine gute Übereinstimmung mit dem α-Λ-Konus aufweist – vor allem durch eine deutlichen Unterschätzung der tatsächlichen Restlebensdauer über die gesamte Versuchsdauer hinweg.

Werden die Ergebnisse jedoch unter Anwendung der Konzepte aus Abschn. 5.1.1 **Prognostischer Horizont und End-of-Useful Prediction** betrachtet, zeigt sich, dass die Schätzung einer kürzeren Lebensdauer plausibel ist. So liegt die geschätzte Restlebensdauer bereits vor Ende der Versuchsreihe z. T. deutlich unterhalb von 10 % RUL, was unter Berücksichtigung der als End-of-Useful Prediction bezeichneten Vorlaufzeit zu einer Außerbetriebnahme des jeweiligen Aktors führen würde.

Zur Veranschaulichung wird den Restlebensdauer-Plots der rechten Spalte von Abb. 5.14 ein zweiter α-Λ-Konus überlagert. Die jeweiligen Schnittpunkte mit der Abszisse bzw. die jeweilig „neuen" EoLs, wurden so gewählt, dass eine möglichst gute Übereinstimmung des α-Λ-Konus mit den drei geschätzten RUL-Trajektorien τ, $\mathcal{D}$ und $\mathcal{L}$ vorliegt. Anhand des grauen Kegels sind in den Plots der linken Spalte von Abb. 5.14 die hierzu passenden extrapolierten Health-Index-Trajektorien dargestellt. Sie visualisieren den hypothetischen HI-Verlauf, mit denen ab dem mit t^* markierten Zeitpunkt zu rechnen wäre und der zum prognostizierten EoL führt. Eine Interpretation der hier vorgestellten Resultate erfolgt im nächsten Kapitel. Ergebnisse, die nicht im Detail vorgestellt wurden, sind in Tab. 5.2 indexiert und in Anhang A6 im elektronischen Zusatzmaterial einsehbar.

Tab. 5.2 Weitere Ergebnisse der Restlebensdauerschätzungen: CS – Standardmodell, RD – Random Demodulation; μ_0, $\hat{\lambda}_i$ – verwendetet Prozesssteigung

Aktor	μ_0, CS	$\hat{\lambda}_i$, RD	μ_0, RD
2	Abb. A6.1	Abb. A6.4	Abb. A6.7
4	Abb. A6.2	Abb. A6.5	Abb. A6.8
9	Abb. A6.3	Abb. A6.6	Abb. A6.9

5.2.3 Diskussion der Ergebnisse

Gegenstand des folgenden Abschnitts ist zunächst eine Bewertung der im vorigen Kapitel erzielten Ergebnisse unter Berücksichtigung des vollständigen Datenverarbeitungsprozesses bestehend aus Kompression, Datenfusion, Zustands- und Parameter- sowie Restlebensdauerschätzung. Anschließend wird eine Beurteilung der erzielten Ergebnisse hinsichtlich der vorliegende Applikation sowie des Forschungsgebietes Conditon Monitoring vorgenommen.

Zunächst soll aber ein besonderes Augenmerk darauf gelegt werden, in welcher Form die Rohdaten bzw. deren Struktur im Merkmalsraum Einfluss auf die Restlebensdauerschätzung nimmt. So zeigen nahezu alle Aktoren zu Beginn der Lebensdauerversuche ein Einlaufverhalten, was sich in zunächst ansteigenden und dann erneut abfallenden Schaltzeiten widerspiegelt. Die entsprechenden Zusammenhänge wurden bereits in Abschn. 3.1.2 **Analyse der Daten im Zeitbereich** beschrieben. Abhängig davon, wie die jeweilige Health-Index-Generierung parametriert bzw. wie die Lage des Neuzustandes relativ zu den gewählten Referenzzuständen ist, können sich Abweichungen ergeben, die sich maßgeblich zu Beginn des Alterungsprozesses auf die RUL-Schätzung auswirken. Zu sehen ist dies anhand der Schaltzeit- und Distanzmetrikverläufen aus Abb. 5.9a, die ein ausgeprägt gegenläufiges Verhalten aufweisen. Als ursächlich hierfür wird der in Abb. 3.8 zweidimensional dargestellte Verschleißpfad gesehen, der sich im n-dimensionalen Merkmalsraum um den Neuzustand herum unterschiedlich im Vergleich zur Schaltzeit entwickelt. Bedingt durch die anfänglich zu groß geschätzte Prozesssteigung ergibt sich zwangsläufig eine deutlich zu geringe Restlebensdauerschätzung, die erst nach der Einlaufphase gegen die Ergebnisse des Ground-Truths bzw. jenen der Logistic-Regression konvergiert. Darüber hinaus ist die Unsicherheit der Schätzung im direkten Vergleich gering, was zu Fehlinterpretationen der Ergebnisse und zu einer falsepositiven Entscheidung, also einer zu frühen Außerbetriebsetzung des Aktors führen kann. Dies ist insbesondere dann problematisch, wenn bereits kurz nach der Einlaufphase ein Überschreiten des Schaltzeitgrenzwertes droht, wie es beispielsweise bei Aktor 4 aus Abb. 5.14 der Fall ist, da hier die Vorlaufzeit sowie das EoP-Intervall ggf. nicht eingehalten werden können. Als mögliche Lösung für die beschriebene Problematik ergeben sich zwei Ansätze: So kann entweder der Neuzustand des jeweiligen Aktors anderweitig definiert werden oder die Distanzmetrikberechnung wird erst zu einem späteren Zeitpunkt im Alterungsverlauf gestartet. Dies würde jedoch, wie in Abschn. 1.1 **Thematische Einordnung** beschrieben, eine Diagnose notwendig machen, die erst ab dem Überschreiten eines Grenzwerts die Restlebensdauerschätzung anstößt.

Weiterhin zeigt sich, dass die in Abschn. 3.3 **Anwendung auf gemessene Lebensdauerdaten** aufgezeigte gute Korrelation zwischen den Compressed Sensing basierten Health-Indices und dem Ground-Truth nicht zu vergleichbaren Ergebnissen in der Restlebensdauerschätzungen führt. Als ursächlich hierfür wird maßgeblich die Unterschiedlichkeit der zugrunde liegenden Prozesse gesehen, was in unterschiedlichen Parametersätzen und damit in unterschiedlichen Parametrierungen der FHT-Verteilung resultiert. Eine Korrelation zwischen den Restlebensdauerschätzungen der Compressed Sensing basierten Health-Indices und jenen des Ground-Truth lässt sich somit prinzipbedingt nicht herstellen, weshalb der Ergebnisabgleich nur mit der tatsächlichen RUL bzw. der α-Λ-Metrik erfolgen darf.

Im Gegensatz zum Distanzmetrik-basierten HI ist der initiale Abstand zwischen Neu- und Defektzustand des Logistic-Regression HIs prinzipbedingt immer ≈ 1. Dies schlägt sich, wie in Abb. 5.9a oder 5.13a ersichtlich ist, in einem qualitativ deutlich unterschiedlichen HI-Verlauf nieder. So werden etwaige Einlaufvorgänge egalisiert und treten weniger stark bzw. gar nicht in Erscheinung, was im direkten Vergleich zum Distanzmetrik basierten Health-Index zu einer schnelleren Konvergenz der nachgelagerten Restlebensdauerschätzung führt. Dies deckt sich mit den Ergebnissen aus Tab. 3.5, die unter Verwendung der Methoden aus Abschn. 3.2.1 **Bewertung der prognostischen Qualität** eine gute prognostische Qualität der Logistic-Regression Health-Indices, auch unter Verwendung einer Random Demodulation, angedeutet haben.

Nachteilig ist hingegen ein erhöhtes Rauschen des HI, welches maßgeblich durch das Mapping der Messdaten auf das Intervall [0, 1], genauer durch die logistische Funktion und einen – je nach Modellparametrierung – steilen Übergang zwischen den Zuständen 0 und 1 induziert wird. Zur Verdeutlichung der Zusammenhänge sei auf Abb. 3.11 bzw. das zugehörige Abschnitt 3.2.2 **Fusionierung mittels Logistischer Regression** verwiesen. Wie beispielsweise für Aktor 10 in Abb. 5.9 ersichtlich ist, führt der höhere Rauschanteil im berechneten Health-Index ebenfalls zu einer stärker verrauschten Restlebensdauerschätzung, was wiederum direkt mit den in Gl. 5.7 enthaltenen Parametern σ^2 und λ zusammenhängt, die mittels Kalman-Filterung aus den jeweiligen HIs bestimmt werden. Mögliche Ansätze dieses Problem zu beheben bestehen beispielsweise in einer robusteren Parametrierung des Logistic Regression Modells mit besseren Referenzdaten sowie in einer optimierten State- und Parameterschätzung.

Ein weiterer Einflussfaktor auf stark rauschende Restlebensdauerschätzungen wird in der zu Beginn von Abschn. 4.1 **Wiener-Prozesse** formulierten Modellannahme gesehen. Die in Abb. 4.1 dargestellten Inkrementhistogramme weisen einen positiven Exzess auf und induzieren damit einen Modellfehler, der sich durch die Zustands- und Parameterschätzung bis zur Berechnung der First-Hitting-Time zieht. Wie im entsprechenden Kapitel bereits angemerkte wurde, weicht der Distanzmetrik-basierte HI am wenigsten von der geforderten Normalverteilung ab, was eine Erklärung für die weniger stark rauschenden Schätzungen sein kann. Hinsichtlich des Logistic Regression basierten HIs ist eine derartige Schlussfolgerung jedoch schwer zu halten, da sich hier mehrere Effekte, z. B. bedingt durch die Modellparametrierung, überlagern können.

5.2 Anwendung der Restlebensdauerschätzung

Die teilweise schlechte Konvergenz der betrachteten Verfahren lässt sich verbessern, indem, wie in Abschn. 5.2.1 **Betrachtung simulierter Verschleißprozesse** und Abschn. 5.2.2 **Betrachtung gemessener Lebensdauerdaten** beschrieben, anstatt der geschätzten Prozesssteigung $\hat{\lambda}_i$ der geglättete State μ_0 für die Berechnung der FHT-Verteilung genutzt wird. Allerdings ist hier die Einführung eines „Forgetting Factors" – ggf. in Höhe des prognostischen Horizontes – empfehlenswert, um einen negativen Einfluss der Einlaufvorgänge auf die Restlebensdauerschätzung eliminieren zu können.

Der Einfluss des Kompressionsverfahrens, welches anhand der Betrachtung des idealen CS-Standardmodells sowie einer Random Demodulation untersucht wurde zeigt, dass durch den Schritt zu einer Hardwarelösung ebenfalls mit einer Erhöhung des Rauschanteils sowie mit einer unsichereren Restlebensdauerschätzung zu rechnen ist. Eine genaue Betrachtung hierzu erfolgte in Abschn. 2.2.2 **Grundlagen und Konzepte**.

Darüber hinaus ist, wie ebenfalls in Abschn. 2.2.2 erläutert wurde, die Auswahl einer geeigneten orthonormalen Basis für die ideale Kompression und den betrachteten Anwendungsfall von entscheidender Bedeutung. In der vorliegenden Arbeit wurde auf verschiedene Standardbasen zurückgegriffen, da so einerseits der algorithmische Aufwand reduziert und andererseits die Bandbreite an experimentellen Betrachtungen erhöht werden konnte. Liegt allerdings der Fokus auf maximaler Komprimierbarkeit der Daten, so kann, wie in Abschn. 2.2 **Compressed Sensing** bereits beschrieben wurde, über einen Dictionary Learning Ansatz eine besser zum betrachteten Signal passende orthonormale Basis gelernt und damit die Anzahl der komprimierten Samples reduziert werden. Hierbei gilt es jedoch zu berücksichtigen, dass derartige Ansätze von einer möglichst breiten Datenbasis profitieren und die Qualität der Trainingsdaten schlussendlich die Kompression beeinflussen kann. Im Rahmen dieser Arbeit wurden Untersuchungen zum Einsatz solcher Dictionary Learning Verfahren durchgeführt, jedoch hat sich im Hinblick auf die prognostische Qualität der generierten Health-Indices kein messbarer Vorteil ergeben, weshalb auf eine eingehende Betrachtung verzichtet wurde.

Der in dieser Arbeit als Versuchsträger eingesetzte Aktor und die damit generierten Lebensdauerdaten haben sich als ambivalent im Hinblick auf die erzielten Ergebnisse erwiesen. Bedingt durch ein recht einfaches und kostengünstiges Design ist zwar mit einem schnell einsetzenden und deutlich messbaren Verschleiß innerhalb eines angemessenen Zeitraumes zu rechnen – was vorteilhaft für die Durchführung beschleunigter Lebensdauerversuche ist – jedoch erschwert eine damit einhergehende hohe Serienstreuung sowie eine dadurch zu geringe Anzahl an ähnlichen Versuchsträgern die Entwicklung von diagnostischen und prognostischen Verfahren. Wie in Abschn. 3.1.2 **Analyse der Daten im Zeitbereich** vorgestellt wurde, weisen die Versuchsträger ein sehr individuelles Verschleißverhalten auf und zeigen kein vergleichbar homogenes Verhalten, wie es für baugleiche Muster unter ähnlichen Rahmen- und Lastbedingungen angenommen werden kann. Dennoch konnten die Versuchsträger durch die Auswahl des Modellierungsansatzes sowie durch die State- und Parameterschätzung einer Restlebensdauerschätzung zugänglich gemacht und damit der Proof-of-Concept erbracht werden, dass individuelles Verschleißverhalten unter Verwendung von Compressed Sensing Koeffizienten abgebildet und in einen Health-Index fusioniert werden kann. Besonders positiv sind in diesem Zusammenhang die Ergebnisse aus Abb. 5.14 hervorzuheben. Hier konnte die Logistic Regression basierte Restlebensdauerschätzung trotz verschiedenen Einflussfaktoren, wie beispielsweise Erholungseffekten, eine plausible Schätzung erzielen. Dies deutet darauf hin, dass das vorgeschlagene Verfahren auch in einem Realsystem – dann unter Berücksichtigung von Prädiktionshorizont und EoUP – eine ausreichend frühe Handlungsempfehlung ermöglicht.

Eine genauere Betrachtung der in [51] vorgestellten Arbeiten zeigt, dass die mittels Bayesian Convolutional Neural Network erzielten Ergebnisse ebenfalls stark von Aktor zu Aktor schwanken. Darüber hinaus zeigt sich, dass ebenfalls vergleichbare Unzulänglichkeiten, wie etwa Über- oder Unterschätzungen der RUL sowie eine z. T. schlechte Konvergenz auftreten.

Im Hinblick auf die in Abschn. 2.2.1 **Verortung im Condition-Monitoring Kontext** identifizierte Forschungslücke können deshalb folgende Resümees gezogen werden: Das in dieser Arbeit vorgeschlagene Verfahren liefert in einer vergleichbaren Applikation qualitativ vergleichbare Ergebnisse zu einem modernen Machine Learning Ansatz. Die in der Motivation sowie im prognostischen Ansatz formulierten Ansprüche an eine „kompakte" Datenverarbeitungspipeline können aufrecht erhalten werden, da das Verfahren im Kern lediglich aus einer linearen Abbildung, einer Regression sowie einer vergleichsweise einfachen State- und Parameterschätzung besteht.

5.3 Zusammenfassung

Zu Beginn des Kapitels werden zunächst Grundbegriffe der Restlebensdauerschätzung betrachtet sowie der prognostische Prozess in Kontext zur Diagnose gesetzt. Hierbei wird nicht nur auf die unterschiedlichen Prognose-Levels eingegangen, sondern auch auf verschiedene Möglichkeiten, die erzielten Schätzergebnisse zu bewerten. Aufbauend auf dem RUL-Plot erfolgt eine eingehende Beschreibung der Konzepte End-of-Useful Prediction, Prognostic Horizon sowie der α-Λ-Metrik, da diese zur Bewertung der in dieser Arbeit erzielten Ergebnisse eingesetzt werden.

5.3 Zusammenfassung

Die Restlebensdauerschätzung erfolgt basierend auf der sog. First-Hitting-Time eines Wiener-Prozesses deren Funktionsweise zunächst anhand simulierter Verschleißdaten diskutiert wird. Anschließend erfolgt die Anwendung des prognostischen Ansatzes auf komprimiert gesampelte Lebensdauerdaten bzw. auf die hieraus erzeugten Health-Indices. Die erzielten Ergebnisse werden gegen die tatsächliche RUL unter Verwendung der oben genannten Bewertungskriterien abgeglichen. Darüber hinaus erfolgt ein Vergleich des idealen Compressed Sensing Standardmodells mit einer Random Demodulation, womit der Einfluss einer nicht-idealen Hardwarelösung auf die Restlebensdauerschätzung verdeutlicht werden soll. Die Ergebnisse zeigen hierbei, dass bei der Migration von einem idealen zu einem „praxisnahen" Messsystem ebenfalls mit mehr Unsicherheit in der Restlebensdauerschätzung zu rechnen ist, was sowohl für den mittels Distanzmetrik generierten Health-Index, als auch für den mittels Logistic Regression fusionierten HI gilt. Im direkten Vergleich der beiden HIs liefert der Logistic Regression HI jedoch generell plausiblere RUL-Schätzungen, die früher konvergieren und die RUL weniger stark überschätzen. Zum Ende des Kapitels erfolgt eine Diskussion der erzielten Resultate unter Berücksichtigung der einzelnen Prozessschritte.

In Bezug auf die in Abschn. 1.3 **Motivation und Fragestellungen** formulierten Grundfragestellungen kann Punkt 5 „*Existieren Methoden, die eine Schätzung der Restlebensdauer basierend auf der Verschleißmodellierung ermöglichen?*" anhand der simulatorischen und experimentellen Ergebnisse positiv beantwortet werden. Punkt 6 „*Lassen sich die auf komprimierten Messdaten basierenden Restlebensdauerschätzungen mit jenen des Ground-Truths vergleichen?*" hingegen kann unter Berücksichtigung der Ausführungen des vorigen Abschnitts nicht positiv beantwortet werden.

Die aus Abschn. 4.4 **Zusammenfassung** noch offene Bewertung der Modellanwendbarkeit auf Realdaten kann in Anbetracht der erzielten Ergebnisse nun positiv beantwortet werde.

6 Zusammenfassung und Ausblick

Gegenstand der vorliegenden Arbeit ist die Untersuchung von Methoden der Analog-to-Information Conversion hinsichtlich ihrer dualen Anwendbarkeit als Kompressions- und Merkmalsextraktionsverfahren. Es soll die Frage beantwortet werden, ob Stromverläufe eines elektromagnetischen Aktors mittels Compressed-Sensing komprimierbar sind und, ob eine Erkennung von fortschreitendem Verschleiß anhand der komprimierten Messdaten möglich ist.

Durch künstliche Alterung zehn baugleicher Aktoren erfolgt zunächst die Generierung der hierfür notwendige Datenbasis, deren grundlegende Struktur mit Methoden des Data Mining analysiert und bewertet wird. Ziel der durchgeführten Analyse ist hierbei die Identifikation von Referenzzuständen im Zeitbereich sowie im komprimierten Merkmalsraum, die mit den Systemzuständen *neu* sowie *verschlissen* einhergehen und zwischen denen über die Lebensdauer hinweg eine – zumeist – gerichtete Bewegung stattfindet. Es konnte theoretisch wie auch anhand von Lebensdauerdaten gezeigt werden, dass die im Stromverlauf enthaltenen Informationen über den mechanischen Verschleiß während dem Kompressionsschritt konserviert werden und damit im komprimierten Raum weiterverarbeitbar sind. Hierbei wurde explizit auf eine Rekonstruktion der komprimierten Messdaten verzichtet und anhand der Compressed Sensing Koeffizienten eine Verschleißquantifizierung durchgeführt. Hierbei wird unter Verwendung komprimierter Daten ein die Alterung abbildender Indikator berechnet, der permanent anhand neuer Messdaten aktualisiert wird. Die Fusionierung der komprimierten Daten in den sog. Health-Index wurde hierbei durch eine Logistische Regression sowie durch die Anwendung der Manhattan-Metrik erreicht. Es konnte gezeigt werden, dass die fusionierten Daten den im Zeitbereich vorliegenden Ground-Truth gut reproduzieren, was sie prinzipiell geeignet für eine Restlebensdauerschätzung macht.

Für eine valide Restlebensdauerschätzung ist hierbei die Ermittlung des weiteren Health-Index-Verlaufs basierend auf aktuellen und vergangenen Messwerten sowie der Zeitpunkt eines definierten Grenzwertübertritts entscheidend. Eine möglichst robuste Schätzung der verbleibenden Restlebensdauer wird durch den Einsatz von Wiener-Prozessen sowie der Berechnung der sog. First-Hitting-Time erreicht. Deren Parameter werden mittels einer gleichzeitigen Zustands- und Parameterschätzung aus den vorliegenden Health-Indices bestimmt. Ein direkter Vergleich zwischen den Compressed Sensing basierten Restlebensdauerschätzungen und jenen des Ground-Truth zeigt, dass insbesondere die Schätzungen basierend auf dem Logistic Regression Health-Index die wahre Restlebensdauer besser reproduziert und weniger überschätzen, was sie im Hinblick auf die frühe Erkennung von Ausfällen gut geeignet macht.

Für zukünftige Arbeiten wird ein Ansatzpunkt bei der Generierung einer umfangreicheren Datenbasis gesehen, was beispielsweise die Entwicklung von Mean-Time-To-Failure Modellen oder aber die Adaptierung des in [51] vorgestellte Bayesian Convolutional Neural Network zur Restlebensdauerschätzung von Magnetventilen erlauben würde. Im Kontext lernender Verfahren wird hohes Potenzial beim Einsatz von tiefen Neuronalen Netzen gesehen. Im Unterschied zu den in dieser Arbeit vorgestellten Verfahren, können diese alterungsspezifische Merkmale direkt aus den Rohdaten erlernen und auch stark nicht-lineare Zusammenhänge abbilden. Darüber hinaus kann mittels Transfer-Learning eine schnelle Anpassung an neue Anwendungsfälle vorgenommen werden, was den Trainingsaufwand erheblich reduziert.

Ferner könnten in weiterführenden Untersuchungen verschiedene orthonormale Basen im Vergleich mit Dictionary Learning Ansätzen betrachtet werden. In diesem Zusammenhang wird ein weiterer Ansatzpunkt in der Auslegung der Sampling-Matrix gesehen, die gemeinsam mit der orthonormalen Basis oder einem gelernten Dictionary das Messsystem bildet und entscheidend für die Kompressionsqualität ist.

Forschungspotenzial besteht des Weiteren in der Fusionierung der komprimierten Messdaten in einen Health-Index. Die in dieser Arbeit verwendeten Regressions- und Distanzmetrikverfahren könnten hierbei durch lernende Verfahren, wie z. B Long Short-Term Memory Netzwerke, ersetzt werden und so eine bessere Abbildung des Health-Index ermöglichen.

Wie bereits in einer Fußnote angemerkt wurde, kann die Implementierung eines Interacting Multiple Model Ansatzes zielführend sein, um die Auswahl einer möglichst gut zum vorliegenden Verschleißverlauf passenden Modellhypothese automatisiert und adaptiv durchführen zu können.

Grundsätzlich besteht weiterhin Optimierungspotenzial hinsichtlich der gesamten Datenverarbeitungskette, um den Einfluss von Unbestimmtheiten besser in eine Restlebensdauerschätzung einfließen lassen zu können.

Der bisherige Einsatz von Compressed Sensing für Condition-Monitoring Zwecke hat sich auf die Erkennung und Klassifikation von Fehlern im komprimierten Merkmalsraum für rotierende Anwendungen, wie beispielsweise Kugellager, beschränkt. Für die hier betrachteten Aktoren existieren jedoch entweder nur modellgetriebene Verfahren, die eine einfache Diagnose ermöglichen oder komplexere Machine Learning Ansätze, die dann aber auch eine Schätzung der Restlebendauer bieten. Der hier vorgestellte Ansatz liefert somit einen Beitrag zur Forschungslücke im Bereich der Compressed Sensing basierten Restlebensdauerschätzung und erweitert gleichzeitig die diagnostisch/prognostischen Möglichkeiten für die Überwachung translatorischer elektromagnetischer Aktoren.

Literaturverzeichnis

[1] Andrew Jardine, Daming Lin, and Dragan Banjevic, "A review on machinery diagnostics and prognostics implementing condition-based maintenance," *Mechanical Systems and Signal Processing*, vol. 20, no. 7, pp. 1483–1510, 2006.

[2] M. Luo, D. Wang, M. Pham, C. B. Low, J.-B. Zhang, D. H. Zhang, and Y. Z. Zhao, "Model-based fault diagnosis/prognosis for wheeled mobile robots: a review," in *31st Annu. Conf. Industrial Electronics Society (IECON)*, 2005, pp. 2267–2272.

[3] Venkat Venkatasubramanian, Raghunathan Rengaswamy, Kewen Yin, and Surya N. Kavuri, "A review of process fault detection and diagnosis Part I: Quantitative model-based methods," *Computers & Chemical Engineering*, vol. 27, no. 3, pp. 293–311, 2003.

[4] Xiao-Sheng Si, Wenbin Wang, Chang-Hua Hu, and Dong-Hua Zhou, "Remaining useful life estimation – A review on the statistical data driven approaches," *European Journal of Operational Research*, vol. 213, no. 1, pp. 1–14, 2011.

[5] J. Z. Sikorska, M. Hodkiewicz, and Lin Ma, "Prognostic modelling options for remaining useful life estimation by industry," *Mechanical Systems and Signal Processing*, vol. 25, no. 5, pp. 1803–1836, 2011.

[6] Rolf Isermann and P. Ballé, "Trends in the application of model-based fault detection and diagnosis of technical processes," *Control Engineering Practice*, vol. 5, no. 5, pp. 709–719, 1997.

[7] Mark Schwabacher, "A Survey of Data-Driven Prognostics," in *Infotech@Aerospace*, Infotech@Aerospace Conferences. American Institute of Aeronautics and Astronautics, 2005.

[8] Mark Schwabacher and Kai Goebel, "A survey of artificial intelligence for prognostics," in *Association for the Advancement of Artificial Intelligence (AAAI)*, 2007, pp. 107–114.

[9] Carl S. Byington, Matthew Watson, Doug Edwards, and Paul Stoelting, "A model-based approach to prognostics and health management for flight control actuators," in *IEEE Aerospace Conf.*, 2004, vol. 6, pp. 3551–3562.

[10] Andrew Hess, Giulio Calvello, and Peter Frith, "Challenges, Issues, and Lessons Learned Chasing the Big P. Real Predictive Prognostics – Part 1," in *IEEE Aerospace Conf.*, 2005, pp. 3610–3619.

[11] Stephen J. Engel, Barbara J. Gilmartin, Kenneth Bongort, and Andrew Hess, "Prognostics, the real issues involved with predicting life remaining," in *IEEE Aerospace Conf.*, 2000, vol. 6, pp. 457–469 vol.6.

[12] Mohamed El Hachemi Benbouzid, "A review of induction motors signature analysis as a medium for faults detection," *IEEE Transactions on Industrial Electronics*, vol. 47, no. 5, pp. 984–993, 2000.

[13] Aarfat Siddique, G. S. Yadava, and Bhim Singh, "Applications of artificial intelligence techniques for induction machine stator fault diagnostics: review," in *4th IEEE Int. Symp. on Diagnostics for Electric Machines, Power Electronics and Drives (SDEMPED)*, 2003, pp. 29–34.

[14] Subhasis Nandi, Hamid A. Toliyat, and Xiaodong Li, "Condition monitoring and fault diagnosis of electrical motors-a review," *IEEE Transactions on Energy Conversion*, vol. 20, no. 4, pp. 719–729, 2005.

[15] Marco Münchhof, Mark Beck, and Rolf Isermann, "Fault-tolerant actuators and drives – Structures, fault detection principles and applications," *Annual Reviews in Control*, vol. 33, no. 2, pp. 136–148, 2009.

[16] Yao Da, Xiaodong Shi, and Mahesh Krishnamurthy, "Health monitoring, fault diagnosis and failure prognosis techniques for Brushless Permanent Magnet Machines," in *Vehicle Power and Propulsion Conference (VPPC)*, IEEE, Ed., 2011, pp. 1–7.

[17] Ranganath Kothamasu, Samuel H. Huang, and William H. VerDuin, "System Health Monitoring and Prognostics – A Review of Current Paradigms and Practices," in *Handbook of Maintenance Management and Engineering*, Mohamed Ben-Daya, Salih O. Duffuaa, Abdul Raouf, Jezdimir Knezevic, and Daoud Ait-Kadi, Eds., pp. 337–362. Springer London, 2009.

[18] Gerald B. Kliman, R. A. Koegl, J. Stein, R. D. Endicott, and M. W. Madden, "Noninvasive detection of broken rotor bars in operating induction motors," *IEEE Transactions on Energy Conversion*, vol. 3, no. 4, pp. 873–879, 1988.

[19] Fiorenzo Filippetti, Giovanni Franceschini, and C. Tassoni, "Neural networks aided on-line diagnostics of induction motor rotor faults," in *Conf. Record IEEE Industry Applications Society Annu. Meeting (IAS)*, 1993, vol. 1, pp. 316–323.

[20] Clemens Gühmann, *Stromanalyse zur Diagnose seriengefertigter Universalmotoren*, Doktorarbeit, Technische Universität Berlin, Berlin, 1995.

[21] Carl S. Byington, Matthew Watson, and Doug Edwards, "Data-driven neural network methodology to remaining life predictions for aircraft actuator components," in *IEEE Aerospace Conf.*, 2004, pp. 3581–3589.

[22] Hugh Douglas, P. Pillay, and A. K. Ziarani, "A New Algorithm for Transient Motor Current Signature Analysis Using Wavelets," *IEEE Transactions on Industry Applications*, vol. 40, no. 5, pp. 1361–1368, 2004.

[23] Elias G. Strangas, Selin Aviyente, and S.S.H. Zaidi, "Time–Frequency Analysis for Efficient Fault Diagnosis and Failure Prognosis for Interior Permanent-Magnet AC Motors," *IEEE Transactions on Industrial Electronics*, vol. 55, no. 12, pp. 4191–4199, 2008.

[24] Achmad Widodo, Bo-Suk Yang, Dong-Sik Gu, and Byeong-Keun Choi, "Intelligent fault diagnosis system of induction motor based on transient current signal," *Mechatronics : the science of intelligent machines*, vol. 19, no. 5, pp. 680–689, 2009.

[25] Christian Lessmeier, Olaf Enge-Rosenblatt, Christian Bayer, and Detmar Zimmer, "Data Acquisition and Signal Analysis from Measured Motor Currents for Defect Detection in Electromechanical Drive Systems," in *Proc. 2nd Europe. Conf. Prognostics and Health Management Society (EPHM)*, 2014, pp. 768–777.

[26] Edward Balaban, Abhinav Saxena, Sriram Narasimhan, Indranil Roychoudhury, Michael Koopmans, Carl Ott, and Kai Goebel, "Prognostic Health-Management System Development for Electromechanical Actuators," *Journal of Aerospace Information Systems*, vol. 12, no. 3, pp. 329–344, 2015.

[27] Purushottam Gangsar and Rajiv Tiwari, "Comparative investigation of vibration and current monitoring for prediction of mechanical and electrical faults in induction motor based on multiclass-support vector machine algorithms," *Mechanical Systems and Signal Processing*, vol. 94, pp. 464–481, 2017.

[28] Andrea Macaluso and Giovanni Jacazio, "Prognostic and Health Management System for Fly-by-wire Electro-hydraulic Servo Actuators for Detection and Tracking of Actuator Faults," *Procedia CIRP*, vol. 59, pp. 116–121, 2017.

[29] Helmut Kortschakowski and Wolfgang Reimann, "Verfahren und Schaltung zur Überwachung von Elektromagneten (DE3922900A1)," 1991.

[30] Robert Ingenbleek, Harry Nolzen, Walter Kill, Christian Popp, Hubert Remmlinger, Jochen Fischer, Torsten Büchner, and Markus Ulbricht, "Verfahren zur Durchführung einer Diagnose eines Betriebszustandes eines elektromagnetischen Antriebssystems (DE10235432B4)," 2010.

[31] Generator-Technik Schwäbisch Gmünd GmbH & Co. KG, "Vorrichtung und Verfahren zur Überwachung eines Elektromagneten (DE102009016857A1)," 2010.

[32] Feuerstack, Peter and Mentgen, Dirk and Rees, Stephan and Fetzer, Joachim and Fink, Holger and Müller, Stefan, "Verfahren und Vorrichtung zum Betreiben eines elektromechanischen Aktors (DE102008054877A1)," 2008.

[33] Armin Steck and Ralf Piscol, "Verfahren zur Vorhersage der Einsatzfähigkeit eines Relais oder eines Schützes (DE102010041998A1)," 2012.

[34] Marius Baller, Jörg Bunzendahl, Frank Schöttler, and Carsten Stand, "Diagnoseverfahren für Hubmagnete in Lenkungsverriegelungen (DE102011102629A1)," 2012.

[35] Damian Dyrbusch, Jiahang Jin, and Jens Reinhold, "Verfahren und Vorrichtung zur Erkennung eines Bewegungsbeginns von elektromechanischen Aktuatoren (DE102013209070A1)," 2013.

[36] Damian Dyrbusch, "Verfahren und Vorrichtung zur Erkennung eines Defekts eines elektromechanischen Aktuators (DE102013201776A1)," 2014.

[37] Dario Ferrarini and Camisani Andrea, "Diagnostic device and method for solenoid valves (EP3676861B1)," 2017.

[38] Lothar Kiltz, Johannes Reuter, and Tristan Braun, "Verfahren, Steuereinrichtung, Computerprogramm und System zur Rekonstruktion von Zustandsgrößen zumindest eines elektromagnetischen Aktors (DE102017202072A1)," 2017.

[39] Mayura Arun Madane, Prachi Zambare, Prasanth Jyothi Prasad, Richa Mahesh Shinde, Arjun Thottupurathu Rejikumar, Dipesh Chauhan, Kailasrao Nilesh Surase, Rohit Tejsingh Chauhan, and Ankit Jain, "System and method for solenoid valve optimization and measurement of response deterioration (US20230052987A1)," 2019.

[40] Alexander Michel, Dirk Morschel, and Eduard Wiens, "Method for determining a switched state of a valve, and solenoid valve assembly (EP3867655A1)," 2021.

[41] Achim Vollmer, "Monitoring device for a solenoid valve of a compressed-air system of a vehicle, system composed of the solenoid valve, the monitoring device and a control device, and method for monitoring the solenoid valve (WO2023241974A1)," 2022.

[42] Fabio De Giacomo and Claudio Genta, "Überwachung eines Zustands eines Aktors in einem System zur variablen Ventilsteuerung eines Verbrennungsmotors (DE102020118949A1)," 2022.

[43] Guangbin Zhou, Hiroshi Suzuki, Gorou Yoshida, and Kazuhiro Tanaka, "Solenoid valve abnormality detection device, automatic medical analysis apparatus using same, and solenoid valve abnormality detection method (US20230230741A1)," 2023.

[44] Knöbel, Christian and Marsil, Zakaria and Rekla, Markus and Reuter, Johannes and Gühmann, Clemens, "Fault detection in linear electromagnetic actuators using time and time-frequency-domain features based on current and voltage measurements," in *20th Int. Conf. Methods and Models in Automation and Robotics (MMAR)*, 2015, pp. 547–552.

[45] Wenzl, Hanna and Knöbel, Christian and Reuter, Johannes and Aschemann, Harald, "Adaptive position-dependent friction characteristics for electromagnetic actuators," in *21st Int. Conf. Methods and Models in Automation and Robotics (MMAR)*. 2016, pp. 895–900, IEEE.

[46] Wenzl, Hanna and Knöbel, Christian and Reuter, Johannes, "Alterungsprognose und Eigendiagnose bei Magnetaktuatoren : Abschlussbericht APRODIMA," 2017.

[47] Alexandru Forrai, "System Identification and Fault Diagnosis of an Electromagnetic Actuator," *IEEE Transactions on Control Systems Technology*, vol. 25, no. 3, pp. 1028–1035, 2017.

[48] Georges Tod, Ganjour Mazaev, Kerem Eryilmaz, Agusmian Partogi Ompusunggu, Erik Hostens, and Sofie Van Hoecke, "A convolutional neural network aided physical model improvement for ac solenoid valves diagnosis," in *2019 Prognostics and System Health Management Conference (PHM-Paris)*, 2019, pp. 223–227.

[49] Jesper Liniger, Søren Stubkier, Mohsen Soltani, and Henrik C. Pedersen, "Early detection of coil failure in solenoid valves," *IEEE/ASME Transactions on Mechatronics*, vol. 25, no. 2, pp. 683–693, 2020.

[50] Ganjour Mazaev, Agusmian Partogi Ompusunggu, Georges Tod, Guillaume Crevecoeur, and Sofie Van Hoecke, "Data-driven prognostics of alternating current solenoid valves," in *2020 Prognostics and Health Management Conference (PHM-Besançon)*, 2020, pp. 109–115.

[51] Ganjour Mazaev, Guillaume Crevecoeur, and Sofie Van Hoecke, "Bayesian convolutional neural networks for remaining useful life prognostics of solenoid valves with uncertainty estimations," *IEEE Transactions on Industrial Informatics*, vol. 17, no. 12, pp. 8418–8428, 2021.

[52] Henrik C. Pedersen, Terkil Bak-Jensen, Rasmus H. Jessen, and Jesper Liniger, "Temperature-independent fault detection of solenoid-actuated proportional valve," *IEEE/ASME Transactions on Mechatronics*, vol. 27, no. 6, pp. 4497–4506, 2022.

[53] Vincent Meyer Zu Wickern, "Challenges and reliability of predictive maintenance," 2019.

[54] P. Nunes, J. Santos, and E. Rocha, "Challenges in predictive maintenance – a review," *CIRP Journal of Manufacturing Science and Technology*, vol. 40, pp. 53–67, 2023.

[55] Jovani Dalzochio, Rafael Kunst, Edison Pignaton, Alecio Binotto, Srijnan Sanyal, Jose Favilla, and Jorge Barbosa, "Machine learning and reasoning for predictive mainte-

nance in industry 4.0: Current status and challenges," *Computers in Industry*, vol. 123, pp. 103298, 2020.

[56] ZVEI – Zentralverband Elektrotechnikund Elektronikindustrie e. V. – Fachverband Automation – Fachbereich Elektrische Antriebe, "Antrieb 2030 – Zwölf Thesen," 2020.

[57] N. Gebraeel, "Sensory-Updated Residual Life Distributions for Components With Exponential Degradation Patterns," *IEEE Transactions on Automation Science and Engineering*, vol. 3, no. 4, pp. 382–393, 2006.

[58] Knöbel, Christian and Wenzl, Hanna and Reuter, Johannes and Gühmann, Clemens, "A Compressed Sensing Feature Extraction Approach for Diagnostics and Prognostics in Electromagnetic Solenoids," in *Annual Conference of the PHM Society*, 2017.

[59] Knöbel, Christian and Strommenger, Daniel and Reuter, Johannes and Gühmann, Clemens, "Health index generation based on compressed sensing and logistic regression for remaining useful life prediction," in *Annual Conference of the PHM Society*, 2019, vol. 11.

[60] Eberhard Kallenbach, *Elektromagnete: Grundlagen, Berechnung, Entwurf und Anwendung*, Vieweg+Teubner Verlag, Wiesbaden, 4., überarbeitete und erweiterte auflage edition, 2012.

[61] Karl Theodor Reye, "Zur Theorie der Zapfenreibung," *Der Civilingenieur – Zeitschrift für das Ingenieurwesen*, vol. 6, pp. 235–255, 1860.

[62] Rolf Isermann, *Fault-Diagnosis Systems*, Springer Berlin Heidelberg, Berlin, Heidelberg, 2006.

[63] Andrey Gadyuchko and Eberhard Kallenbach, "Magnetische Messung: Neue Wege der Funktionsprüfung bei der Herstellung von Magnetaktoren," in *Innovative Klein- und Mikroantriebstechnik*, Gerhard Huth, Ed., vol. 124 of *ETG-Fachbericht*. VDE-Verl, Berlin, 2010.

[64] Hanna Wenzl, *Parameteridentifikation eines nichtlinearen Magnetaktormodells basierend auf einem globalen Optimierungsverfahren*, Masterthesis, HTWG Konstanz, Konstanz, 2014.

[65] David L. Donoho, "Compressed sensing," *IEEE Transactions on Information Theory*, vol. 52, no. 4, pp. 1289–1306, 2006.

[66] Emmanuel J. Candes, Justin K. Romberg, and T. Tao, "Robust uncertainty principles: Exact signal reconstruction from highly incomplete frequency information," *IEEE Transactions on Information Theory*, vol. 52, no. 2, pp. 489–509, 2006.

[67] Michael Lustig, David Donoho, and John M. Pauly, "Sparse MRI: The application of compressed sensing for rapid MR imaging," *Magnetic resonance in medicine*, vol. 58, no. 6, pp. 1182–1195, 2007.

[68] M. A. Herman and T. Strohmer, "High-Resolution Radar via Compressed Sensing," *IEEE Transactions on Signal Processing*, vol. 57, no. 6, pp. 2275–2284, 2009.

[69] Jarvis D. Haupt, Rui Castro, Robert D. Nowak, Gerald Fudge, and Alex Yeh, "Compressive Sampling for Signal Classification," in *40th Asilomar Conf. on Signals, Systems and Computers (ACSSC)*, 2006, pp. 1430–1434.

[70] Kaichun K. Chang, Jyh-Shing Roger Jang, and Costas S. Iliopoulos, "Music Genre Classification via Compressive Sampling," in *11th Int. Society for Music Information Retrieval Conference (ISMIR)*, 2010, pp. 387–392.

[71] Bob L. Sturm, "On music genre classification via compressive sampling," in *IEEE Int. Conf. Multimedia and Expo (ICME)*, Piscataway, NJ, 2013, pp. 1–6, IEEE.

[72] X. Zhang, N. Hu, L. Hu, L. Chen, and Z. Cheng, "A bearing fault diagnosis method based on the low-dimensional compressed vibration signal," *Advances in Mechanical Engineering*, vol. 7, no. 7, 2015.

[73] Yanxue Wang, Jiawei Xiang, Qiuyun Mo, and Shuilong He, "Compressed sparse time–frequency feature representation via compressive sensing and its applications in fault diagnosis," *Measurement*, vol. 68, pp. 70–81, 2015.

[74] Gang Tang, Wei Hou, Huaqing Wang, Ganggang Luo, and Jianwei Ma, "Compressive sensing of roller bearing faults via harmonic detection from under-sampled vibration signals," *Sensors*, vol. 15, no. 10, pp. 25648–25662, 2015.

[75] Gang Tang, Qin Yang, Hua-Qing Wang, Gang gang Luo, and Jian wei Ma, "Sparse classification of rotating machinery faults based on compressive sensing strategy," *Mechatronics*, vol. 31, pp. 60–67, 2015.

[76] Xinpeng Zhang, Niaoqing Hu, Lei Hu, Ling Chen, and Zhe Cheng, "A bearing fault diagnosis method based on the low-dimensional compressed vibration signal," *Advances in Mechanical Engineering*, vol. 7, no. 7, pp. 1687814015593442, 2015.

[77] Yang Liu, Guoshan Zhang, and Bingyin Xu, "Compressive sparse principal component analysis for process supervisory monitoring and fault detection," *Journal of Process Control*, vol. 50, pp. 1–10, 2017.

[78] H.O.A. Ahmed, M. L. Dennis Wong, and A. K. Nandi, "Compressive sensing strategy for classification of bearing faults," in *2017 IEEE International Conference on Acoustics, Speech and Signal Processing (ICASSP)*, 2017, pp. 2182–2186.

[79] H.O.A. Ahmed, M.L.D. Wong, and A. K. Nandi, "Intelligent condition monitoring method for bearing faults from highly compressed measurements using sparse overcomplete features," *Mechanical Systems and Signal Processing*, vol. 99, pp. 459–477, 2018.

[80] Meenu Rani, Sanjay Dhok, and Raghavendra Deshmukh, "A machine condition monitoring framework using compressed signal processing," *Sensors*, vol. 20, no. 1, 2020.

[81] Gitta Kutyniok, "Theory and Applications of Compressed Sensing," *GAMM-Mitteilungen*, vol. 36, no. 1, pp. 79–101, 2013.

[82] Hamid Nouasria and Mohamed Et-tolba, "Compressive sensing via constraint programming," in *Int. Conf. Wireless Networks and Mobile Communications (WINCOM)*. 2017, pp. 1–6, IEEE.

[83] Gabriel Peyre, "Best Basis Compressed Sensing," *IEEE Transactions on Signal Processing*, vol. 58, no. 5, pp. 2613–2622, 2010.

[84] J. A. Tropp, M. B. Wakin, M. F. Duarte, D. Baron, and R. G. Baraniuk, "Random Filters for Compressive Sampling and Reconstruction," in *IEEE Int. Conf. on Acoustics, Speech and Signal Processing (ICASSP)*, Piscataway, NJ, 2006, pp. III–872–III–875, IEEE Operations Center.

[85] Sami Kirolos, Jason Laska, Michael Wakin, Marco Duarte, Dror Baron, Tamer Ragheb, Yehia Massoud, and Richard Baraniuk, "Analog-to-Information Conversion via Random Demodulation," in *2006 IEEE Dallas/CAS Workshop on Design, Applications, Integration, and Software*, Piscataway, NJ, 2006, pp. 71–74, IEEE Operations Center.

[86] Jason N. Laska, Sami Kirolos, Marco F. Duarte, Tamer S. Ragheb, Richard G. Baraniuk, and Yehia Massoud, "Theory and Implementation of an Analog-to-Information Converter using Random Demodulation," in *IEEE Int. Symp. Circuits and Systems (ISCAS)*, Piscataway, NJ, 2007, pp. 1959–1962, IEEE Service Center.

Literaturverzeichnis 133

[87] Joel A. Tropp, Jason N. Laska, Marco F. Duarte, Justin K. Romberg, and Richard G. Baraniuk, "Beyond Nyquist: Efficient Sampling of Sparse Bandlimited Signals," *IEEE Transactions on Information Theory*, vol. 56, no. 1, pp. 520–544, 2010.

[88] Andrew Harms, Waheed U. Bajwa, and Robert Calderbank, "Beating nyquist through correlations: A constrained random demodulator for sampling of sparse bandlimited signals," in *2011 IEEE International Conference on Acoustics, Speech and Signal Processing*, Piscataway, NJ, 2011, pp. 5968–5971, IEEE.

[89] Scott Shaobing Chen, David L. Donoho, and Michael A. Saunders, "Atomic Decomposition by Basis Pursuit," *SIAM Review*, vol. 43, no. 1, pp. 129–159, 2001.

[90] Yonina C. Eldar and Gitta Kutyniok, *Compressed Sensing: Theory and Applications*, Cambridge University Press, 2012.

[91] Simon Foucart and Holger Rauhut, *A Mathematical Introduction to Compressive Sensing*, Applied and Numerical Harmonic Analysis. Birkhäuser, New York, 2013.

[92] Saad Qaisar, Rana Muhammad Bilal, Wafa Iqbal, Muqaddas Naureen, and Sungyoung Lee, "Compressive sensing: From theory to applications, a survey," *Journal of Communications and Networks*, vol. 15, no. 5, pp. 443–456, 2013.

[93] Yuvraj V. Parkale and Sanjay L. Nalbalwar, "Sensing matrices in compressed sensing," in *Computing in Engineering and Technology*, Brijesh Iyer, P. S. Deshpande, S. C. Sharma, and Ulhas Shiurkar, Eds., Singapore, 2020, pp. 113–123, Springer Singapore.

[94] Julio Martin Duarte-Carvajalino and Guillermo Sapiro, "Learning to sense sparse signals: simultaneous sensing matrix and sparsifying dictionary optimization," *IEEE transactions on image processing : a publication of the IEEE Signal Processing Society*, vol. 18, no. 7, pp. 1395–1408, 2009.

[95] Holger Rauhut, "Circulant and Toeplitz matrices in compressed sensing," *CoRR*, vol. abs/0902.4394, 2009.

[96] Holger Rauhut, *Compressive Sensing and Structured Random Matrices*, pp. 1–92, De Gruyter, 2010.

[97] Jarvis D. Haupt, Waheed U. Bajwa, Gil M. Raz, and Robert D. Nowak, "Toeplitz Compressed Sensing Matrices With Applications to Sparse Channel Estimation," *IEEE Transactions on Information Theory*, vol. 56, no. 11, pp. 5862–5875, 2010.

[98] Xiwang Cao, Gaojun Luo, and Guangkui Xu, "Three deterministic constructions of compressed sensing matrices with low coherence," *Cryptography and Communications*, 2019.

[99] Ronald A. DeVore, "Deterministic constructions of compressed sensing matrices," *Journal of Complexity*, vol. 23, no. 4, pp. 918–925, 2007, Festschrift for the 60th Birthday of Henryk Woźniakowski.

[100] Jean Bourgain, Stephen Dilworth, Kevin Ford, Sergei Konyagin, and Denka Kutzarova, "Explicit constructions of rip matrices and related problems," *Duke Mathematical Journal*, vol. 159, no. 1, Jul 2011.

[101] Richard G. Baraniuk, Mark A. Davenport, and Michael B. Wakin, "Detection and estimation with compressive measurements," 2006.

[102] Richard G. Baraniuk, Mark A. Davenport, Ronald DeVore, and Michael B. Wakin, "The Johnson-Lindenstrauss lemma meets Compressed Sensing," *IEEE Transactions on Information Theory*, vol. 52, pp. 1289–1306, 2006.

[103] Simon Foucart, Alain Pajor, Holger Rauhut, and Tino Ullrich, "The Gelfand widths of <mml," *Journal of Complexity*, vol. 26, no. 6, pp. 629–640, 2010.

[104] Felix Krahmer and Rachel Ward, "New and Improved Johnson–Lindenstrauss Embeddings via the Restricted Isometry Property," *SIAM Journal on Mathematical Analysis*, vol. 43, no. 3, pp. 1269–1281, 2011.

[105] Richard O. Duda, Peter E. Hart, and David G. Stork, *Pattern classification*, Wiley, New York, 2nd ed. edition, 2001.

[106] I.T. Jolliffe, *Principal Component Analysis*, Springer Series in Statistics. Springer, 2002.

[107] Ian Jolliffe, "Principal Component Analysis," in *Wiley StatsRef: Statistics Reference Online*, N. Balakrishnan, Theodore Colton, Brian Everitt, Walter Piegorsch, Fabrizio Ruggeri, and Jozef L. Teugels, Eds. John Wiley & Sons, Ltd, Chichester, UK, 2014.

[108] Jamie Baalis Coble, *Merging Data Sources to Predict Remaining Useful Life: An Automated Method to Identify Prognostic Parameters*, Doktorarbeit, The University of Tennessee, Knoxville, 2010.

[109] K. E. Spezzaferro, "Applying logistic regression to maintenance data to establish inspection intervals," in *Annual Reliability and Maintainability Symposium*, Piscataway, 1996, pp. 296–300, IEEE.

[110] Wahyu Caesarendra, Achmad Widodo, and Bo-Suk Yang, "Application of relevance vector machine and logistic regression for machine degradation assessment," *Mechanical Systems and Signal Processing*, vol. 24, no. 4, pp. 1161–1171, 2010.

[111] Agusmian Partogi Ompusunggu, *Intelligent Monitoring and Prognostics of Automotive Clutches*, PhD, KU Leuven, 2012.

[112] Sachin Kumar, *Development of diagnostic and prognostic methodologies for electronic systems based on Mahalanobis distance*, PhD, University of Maryland, 2009.

[113] Kevin Beyer, Jonathan Goldstein, Raghu Ramakrishnan, and Uri Shaft, "When Is "Nearest Neighbor" Meaningful?," in *Database Theory – ICDT'99*, Catriel Beeri and Peter Buneman, Eds., vol. 1540 of *Lecture Notes in Computer Science*, pp. 217–235. Springer, Berlin and Heidelberg, 1999.

[114] Charu C. Aggarwal, Alexander Hinneburg, and Daniel A. Keim, "On the Surprising Behavior of Distance Metrics in High Dimensional Space," in *Database Theory – ICDT 2001*, Jan Bussche and Victor Vianu, Eds., vol. 1973 of *Lecture Notes in Computer Science*, pp. 420–434. Springer, Berlin and Heidelberg, 2001.

[115] G. A. Whitmore and Fred Schenkelberg, "Modelling Accelerated Degradation Data Using Wiener Diffusion With A Time Scale Transformation," *Lifetime Data Analysis*, vol. 3, no. 1, pp. 27–45, 1997.

[116] Nagi Z. Gebraeel, Mark A. Lawley, Rong Li, and Jennifer K. Ryan, "Residual-life distributions from component degradation signals: A Bayesian approach," *IIE Transactions*, vol. 37, no. 6, pp. 543–557, 2005.

[117] Wenbin Wang, Matthew Carr, Wenjia Xu, and Khairy Kobbacy, "A model for residual life prediction based on Brownian motion with an adaptive drift," *Microelectronics Reliability*, vol. 51, no. 2, pp. 285–293, 2011.

[118] Xiao-Sheng Si, Chang-Hua Hu, Mao-Yin Chen, and Wenbin Wang, "An adaptive and nonlinear drift-based Wiener process for remaining useful life estimation," in *Prognostics and System Health Management Conference (PHM-Shenzhen), 2011*, Piscataway, NJ, 2011, pp. 1–5, IEEE.

[119] Aiwina Heng, Sheng Zhang, Tan, Andy C. C., and Joseph Mathew, "Rotating machinery prognostics: State of the art, challenges and opportunities," *Mechanical Systems and Signal Processing*, vol. 23, no. 3, pp. 724–739, 2009.

[120] David Meintrup and Stefan Schäffler, *Stochastik: Theorie und Anwendungen*, Springer, 2005.
[121] Thorsten Imkamp and Sabrina Proß, *Einstieg in stochastische Prozesse*, Springer, 2023.
[122] Mürmann, Michael, *Wahrscheinlichkeitstheorie und Stochastische Prozesse*, Springer, 2014.
[123] Xiaolin Wang, Narayanaswamy Balakrishnan, and Bo Guo, "Residual life estimation based on a generalized Wiener degradation process," *Reliability Engineering & System Safety*, vol. 124, pp. 13–23, 2014.
[124] Xiao-Sheng Si, "An Adaptive Prognostic Approach via Nonlinear Degradation Modeling: Application to Battery Data," *Industrial Electronics, IEEE Transactions on*, vol. 62, no. 8, pp. 5082–5096, 2015.
[125] Kiyosi Itô, "On a formula concerning stochastic differentials," *Nagoya Mathematical Journal*, vol. 3, no. none, pp. 55–65, 1951.
[126] Timothy Sauer, "Numerical Solution of Stochastic Differential Equations in Finance," in *Handbook of computational finance*, Jin-Chuan Duan, Wolfgang Karl Härdle, and James E. Gentle, Eds., vol. 81 of *Springer handbooks of computational statistics*, pp. 529–550. Springer, Berlin and Heidelberg, 2012.
[127] Peter E. Kloeden and Eckhard Platen, *Numerical Solution of Stochastic Differential Equations*, vol. 23 of *Applications of Mathematics, Stochastic Modelling and Applied Probability*, Springer, Berlin and Heidelberg, 1992.
[128] Kai Goebel, Matthew J. Daigle, Abhinav Saxena, Shankar Sankararaman, Indranil Roychoudhury, and José Celaya, *Prognostics*, Createspace Independent Publishing Platform, Amazon, 2017.
[129] Xiao-Sheng Si, Wenbin Wang, Chang-Hua Hu, Mao-Yin Chen, and Dong-Hua Zhou, "A Wiener-process-based degradation model with a recursive filter algorithm for remaining useful life estimation," *Mechanical Systems and Signal Processing*, vol. 35, no. 1–2, pp. 219–237, 2013.
[130] Dong Wang and Kwok-Leung Tsui, "Brownian motion with adaptive drift for remaining useful life prediction: Revisited," *Mechanical Systems and Signal Processing*, vol. 99, pp. 691–701, 2018.
[131] Jane Liu and Mike West, "Combined Parameter and State Estimation in Simulation-Based Filtering," in *Sequential Monte Carlo methods in practice*, Arnaud Doucet, Ed., Statistics for engineering and information science, pp. 197–223. Springer, New York, NY, 2010.
[132] H. E. Rauch, C. T. Striebel, and F. Tung, "Maximum likelihood estimates of linear dynamic systems," *AIAA Journal*, vol. 3, no. 8, pp. 1445–1450, 1965.
[133] Andrew Hess, Giulio Calvello, Peter Frith, Stephen J. Engel, and David Hoitsma, "Challenges, Issues, and Lessons Learned Chasing the Big P: Real Predictive Prognostics – Part 2," in *IEEE Aerospace Conf.*, 2006, pp. 1–19.
[134] Jianhui Luo, M. Namburu, Krishna R. Pattipati, Liu Qiao, Masayuki Kawamoto, and Shunsuke Chigusa, "Model-based prognostic techniques," in *IEEE Systems Readiness Technology Conf. (AUTOTESTCON)*, 2003, pp. 330–340.
[135] Abhinav Saxena, José Celaya, Edward Balaban, Kai Goebel, Bhaskar Saha, Sankalita Saha, and Mark Schwabacher, "Metrics for evaluating performance of prognostic techniques," in *Proc. Annu. Conf. Prognostics and Health Management Society (PHM)*, 2008, pp. 1–17.

[136] Abhinav Saxena, José Celaya, Bhaskar Saha, Sankalita Saha, and Kai Goebel, "On applying the prognostic performance metrics," in *Proc. Annu. Conf. Prognostics and Health Management Society (PHM)*, 2009.

[137] Abhinav Saxena, Jose Celaya, Bhaskar Saha, Sankalita Saha, and Kai Goebel, "Evaluating algorithm performance metrics tailored for prognostics," in *IEEE Aerospace Conference, 2009*, Piscataway, NJ, 2009, pp. 1–13, IEEE.

[138] Xiao-Sheng Si, Zheng-Xin Zhang, and Chang-Hua Hu, *Data-Driven Remaining Useful Life Prognosis Techniques*, Springer Berlin Heidelberg, Berlin, Heidelberg, 2017.

[139] Xiao-Sheng Si, Wenbin Wang, Mao-Yin Chen, Chang-Hua Hu, and Dong-Hua Zhou, "A degradation path-dependent approach for remaining useful life estimation with an exact and closed-form solution," *European Journal of Operational Research*, vol. 226, no. 1, pp. 53–66, 2013.

MIX
Papier aus verantwortungsvollen Quellen
Paper from responsible sources
FSC® C105338

If you have any concerns about our products,
you can contact us on
ProductSafety@springernature.com

In case Publisher is established outside the EU,
the EU authorized representative is:
**Springer Nature Customer Service Center GmbH
Europaplatz 3, 69115 Heidelberg, Germany**

Printed by Libri Plureos GmbH
in Hamburg, Germany